# 코끼리의 시간, 쥐의 시간

**ZOU NO JIKAN NEZUMI NO JIKAN**
by Tatsuo Motokawa

Copyright © 1992 Tatsuo Motokawa
Original Japanese edition published by Chuokoron-Shinsha, Inc.
All rights reserved.

Korean translation copyright © 2018 Gimm-Young Publishers, Inc.
This Korean translation rights arranged with Chuokoron-Shinsha, Inc.
through The English Agency (Japan) Ltd. and Danny Hong Agency.

**크기의 생물학**

# 코끼리의 시간, 쥐의 시간

**모토카와 다쓰오** | 이상대 옮김

김영사

# 코끼리의 시간, 쥐의 시간

1판 1쇄 발행 2018. 4. 16.
1판 2쇄 발행 2023. 4. 26.

지은이 모토카와 다쓰오
옮긴이 이상대

발행인 고세규
편집 이승환 | 디자인 이은혜
발행처 김영사

등록 1979년 5월 17일 (제406-2003-036호)
주소 경기도 파주시 문발로 197(문발동) 우편번호 10881
전화 마케팅부 031)955-3100, 편집부 031)955-3200 | 팩스 031)955-3111

이 책의 한국어판 저작권은 저작권사와 대니홍 에이전시를 통한 독점 계약으로 김영사에 있습니다.
저작권법에 의해 한국 내에서 보호를 받는 저작물이므로 무단전재 및 무단복제를 금합니다.

값은 뒤표지에 있습니다.
ISBN 978-89-349-8124-4 03470

홈페이지 www.gimmyoung.com    블로그 blog.naver.com/gybook
인스타그램 instagram.com/gimmyoung    이메일 bestbook@gimmyoung.com

좋은 독자가 좋은 책을 만듭니다.
김영사는 독자 여러분의 의견에 항상 귀 기울이고 있습니다.

# 차례

# 옮긴이의 말

지구상의 모든 생명체는 살아 있다는 것만으로도 사람을 흥분시키고 크나큰 호기심을 불러일으킨다. 길을 거닐다보면 나무나 풀, 이끼 같은 식물을 만날 수 있다. 또 나비나 지렁이, 개나 고양이 같은 동물을 만날 수도 있다. 이처럼 생명을 가진 것들을 만나면 돌멩이나 벽돌을 만났을 때와는 다른 감정을 느낀다. 생명에 대한 감정은 무생물에 대한 감정과는 판이하게 다르다. 식물을 볼 때와 동물을 볼 때도 다르다. 그래서 동물에 대한 이야기는 항상 신비하고 재미있고 긴장감을 불러일으킨다.

생명의 신비는 지금까지 인간의 끈질긴 노력과 연구 덕에 상당 부분 우리 앞에 그 모습을 드러냈다. 그렇지만 생명의 신비는 그 깊이에서, 또 보는 시각에 따라서 아직도 인간에게는 무궁무진하게 남아 있다.

이 책은 일본의 유명한 동물생리학자이자 '노래하는 생물학'의 창안자인 모토카와 다쓰오가 쓴 《코끼리의 시간, 쥐의 시간》

을 우리말로 번역한 것이다. 그는 동물에 대한 오랜 연구를 통해 스스로 터득한 자기 나름의 철학적 방법론, 즉 동물의 입장—저자 자신은 이를 '세계관'으로까지 표현하고 있다—에서 바라보아야 동물을 바르게 이해할 수 있다는 방법론을 이 책의 밑바탕에 깔고 있다. 이런 방법론 덕에 우리는 이 책에서 신비에 싸인 생물을 인간에 더욱 친숙한 존재로 대할 수 있게 된다. 다른 생물들이 인간에게 친숙하게 될수록 생명의 신비함 역시 피부에 와닿는다. 아울러 자연의 일부이면서 점점 자연으로부터 멀어져가고만 있는 인간에 대해서도 다시금 인간 본연의 모습이 어떠해야 하는가를 생각하게 한다.

이 책에서 저자는 여러 가지 조사 자료를 근거로 동물의 크기와 신체 구조, 생리적 활동에 걸리는 시간, 생활방식, 서식 환경의 관계를 과학적으로 분석하고, 이를 생명의 특성으로 해석해낸 이야기를 들려준다. 이를 통해 우리는 동물들을 비롯한 생명의 본질적인 특성을 깨닫고 공감할 수 있다.

이 책이 쓰이기 오래전부터 분자생물학에 기초한 생명공학 분야가 폭발적으로 발전하였다. 그 덕에 이 책에서 사용하는 탐구 방법은 마치 이제는 거의 잊혀져가는 방법이 된 것 같다. 하지만 동물들의 크기에 따른 심박의 빠르기나 호흡수, 기초대사량이 어떻게 달라지는지를 측정하여 분석하고, 그것이 왜 달라져야 하는지를 과학적으로 밝혀나가는 방법을 통해 동물들의 생김새와 행동의 진짜 이유를 이해할 수 있도록 유도하는 탐구 방법은 오히려 신선하기까지 하다. 이 책이 출판된 지 25년이 지나도록 일본에서 꾸준히 사랑받는 이유일 것이다.

이 책에서는 대체로 다음과 같은 질문들에 대해 과학적인 분석과 해석을 시도하고 있다.

첫째, 동물들은 몸의 크기가 다른데, 몸집이 크면 더 좋은가? 크면 더 많이 먹는가? 몸집이 달라지면 무엇이 어떻게 달라지는가? 그리고 그것은 왜 그런가? 쥐는 빠릿빠릿하게 움직이고 코끼리는 어슬렁어슬렁 걷는데, 거기에는 이유가 있으며, 특히 동물의 크기가 동물의 생활방식에 결정적인 영향을 준다는 사실에는 어떤 과학적 이유가 있는지 파헤쳐본다.

둘째, 동물들은 움직이는 도구로 다리나 날개, 지느러미 같은 것을 사용한다. 그들은 왜 인간이 발명한 바퀴나 프로펠러, 스크루 같은 멋진 운동기관을 발달시키지 않았을까? 이 의문에 대한 과학적 분석을 거치는 동안, 동물들이 오랜 세월에 걸쳐 거칠고 변화무쌍한 지구환경 속에서 얼마나 지혜롭게 대처해왔는지가 드러난다.

셋째, 동물들의 호흡계나 순환계가 몸의 크기와 어떤 관계를 가지고 어떻게 거기에 적합한 형태로 발달해왔는가를 파헤친다. 가령, 지렁이가 뱀처럼 굵어질 수 있을까에 대한 답은 '그럴 수 없다'이다. 그럴 수 없는 이유는 과학적으로 밝혀져야 한다.

넷째, 식물과 동물의 서로 다른 몸 만들기 방법의 차이에 숨어 있는 비밀을 건축법의 차이에 따른 장단점으로 파헤친다. 수명이 짧은 동물과 달리 큰 나무들은 계속해서 자라며 수명이 수천 년에 이를 수 있는 까닭도 과학적 근거를 가지고 있다는 것이다.

다섯째, 곤충, 산호, 성게와 불가사리 무리의 신비할 정도로 놀라운 환경 적응 능력은 도대체 어디에서 오는 것인가? 이 의문을 동물의 몸 구조, 크기와 관련하여 차곡차곡 살펴나간다. 또한 극피동물은 상식적으로 볼 때 생김새나 생활방식이 수수께끼로 둘러싸인 동물로 알려져왔다. 그런 극피동물의 비밀을 동물 세계의 또 다른 디자인의 하나로 접근하여 이해하는 과정이 여전히 새롭고 흥미진진하다.

이 책에서는 동물해부학, 동물행동학, 동물생리학의 연구 성과들에 대한 통합적 성찰을 보여준다. 물론 바탕에는 현대 자연과학의 대전제인 물질과 생명의 진화가 깔려 있다. 그리하여 동물들의 근본 디자인에 대한 성찰 결과를 전혀 다른 분야에 적용할 필요성을 제기하기도 한다. 예를 들면 동물은 크기에 따라 걷는 속도, 심장 박동 속도, 호흡 속도, 체형 등이 달라지는데, 우리가 로봇을 설계할 때 그대로 적용해보는 게 어떠하냐는 것이다. 저자는 제작하려는 로봇의 몸 크기에 따라 움직이는 속도나 걷는 속도, 체형 등을 동물들이 보여주는 수치에 가깝게 만든다면 훨씬 친밀감 있는 로봇으로 인식될 수 있음을 지적하기도 한다. 그런 의미에서 이 책은 인공지능과 같이 생명체와 유사한 인공장치를 연구하는 사람들에게 미처 생각하지 못했던 생명의 설계 원리에 대한 새로운 영감을 불어넣어 줄 수도 있다.

생물의 세계에서 몸의 크기와 시간, 구조, 생활방식 등 생명이 지닌 모든 특성은 그들이 사는 환경에 적응하는 데 최적화되어 있다. 그 최적화는 개체 수준의 최적화가 아니라 전체 생태계의 체계 최적화이다. 이 책이 암시하는 또 하나의 주제이다.

이 책은 1992년에 처음 출판되어 일본에서 선풍적인 인기를 끌었다. 역자는 1993년 어느 출판사의 의뢰를 받아 이 책을 처음 번역한 바 있다. 당시 번역 결과에 역자 스스로 여러 가지 불만이 있었다. 그리고 24년이 지나서 뜻밖에 번역 의뢰를 받게 되었는데, 과거의 불만스러운 점들을 수정할 기회라 여기고 의뢰에 응하기로 하였다. 그런 의미에서 어렵게 수소문한 끝에 간신히 나를 찾아낸 강영특 과학팀장에게 감사의 인사를 드린다. 처음 번역본을 다시 살펴보니 교정상의 실수에서 생긴 오류가 많이 발견되었다. 원문과 대조하여 오류를 하나하나 수정하고, 20여 년이 지나는 동안에 바뀐 외래어표기법과 과학 용어들을 교체하고, 원문의 정확한 이해를 돕기 위해 문맥을 다듬는 작업 등을 하다 보니 완전히 새 책을 번역하는 것과 똑같은 노력이 들었다.

책을 읽다보면 수시로 튀어나오는 수식과 그래프, 표 들이 낯설거나 어려울지도 모른다. 하지만 대부분의 수식은 처음에 나온 것들이 반복적으로 또는 살짝 변신한 형태로 나오는 것이므로, 처음 나온 것에만 공들여 그 의미를 파악해두면 그다음부터는 곧 익숙해질 것이다. 또 그래프나 표의 내용도 본문 속에서 충분히 설명이 이루어지므로 미리 겁먹을 필요는 없을 것 같다. 알로메트리 식, 레이놀즈 수, 탄성닮음 모형, 스파즈모님 같은 낯선 용어들도 본문 속에서 설명이 이루어지고 있어 역시 겁낼 것 없다.

아무쪼록 독자 여러분께서 이 책을 통하여 생명에 대한 상식과 안목을 넓히고 생명의 신비를 새삼 느낄 수 있게 되기를 기대하면서 이 글을 마친다.

2018년 4월
이상대

## 지은이의 말

동물에 따라 시간이 달라진다는 사실을 처음 알았을 때에는 신선한 충격을 느꼈다. 시간은 유일하고 절대 불변하는 것이라고 믿어왔기 때문이다. 시간이 다양하게 존재한다는 이야기를 듣고 나서는 어딘지 모르게 내가 더 똑똑해진 것 같은 생각이 들었다.

이때는 내가 동물학을 공부한 지 10년을 넘긴 때였던 터라 다른 의미에서 충격도 컸다. 시간이 다르다는 것은 세계관이 전혀 다르다는 사실을 의미한다. '상대방의 세계관을 전혀 이해하지 못한 채 동물을 접해왔다. 이런 태도로 수행해온 지금까지의 내 연구는 무슨 의미가 있을까?' 하고 망연자실할 수밖에 없었다. 그와 동시에 이렇게 중대한 사실을 가르쳐주지 않은 지금까지의 교육에 분노를 느꼈다. 이 책은 분노를 '지렛대'로 삼아 나 자신에 대한 반성을 담아 쓴 것이다.

이 충격을 계기로 동물의 세계관에 대해 생각하게 되었다. 각각의 동물은 저마다 다른 세계관과 가치관, 그리고 논리를 가지고 있다. 설령 그 동물의 뇌수 속에 그런 세계관이 없다 해도, 동물의 생활방식이나 몸의 구조 속에 세계관이 배어 있음이 틀림없다. 그것을 해독하여, '아하, 이 동물은 이러한 생활에 적응하기 위해 이러한 몸 구조를 가지고, 이러한 행동을 하는구나!' 하고 그 동물의 세계관을 읽어내서 인간이 납득할 수 있는 방식으로 설명하는 것이 바로 동물학자의 소임일 것이다. 이렇게 마음을 정하게 해준 것이 마지막 장에서 소개한 극피동물의 디자인 문제이다.

같은 인류끼리도 서로의 세계관을 이해하지 못해 분쟁이 일어나는데 하물며 다른 동물의 세계관을 이해하는 것은 상당한 노력을 들이지 않고는 불가능하다. 그러나 그런 노력을 하지 않으면, 인간은 결코 각양각색의 동물을 이해하고 존중할 수 없다.

크기 문제를 생각해보는 것은 사람을 상대화하여 살펴보는 효과가 있다. 우리의 상식 대부분은 인간이라는 동물이 우연히 지금의 크기였기 때문에 생겨난 것이다. 그런 상식을 아무 데나 적용시켜 해석해온 것이 지금까지의 과학이고 철학이었다. 철학은 인간의 머릿속만 들여다보고, 물리학이나 화학은 인간의 눈을 통해 자연을 해석하는 것인 까닭에 인간을 상대화할 수가 없었다. 생물학을 통해 비로소 사람이라는 생물을 상대화하고 자연 속에서 사람의 위치를 알 수 있다. 지금까지의 물리학 중심의 과학은 결국 인간이 자연을 착취하고, 제멋대로 해석해온 것은 아니었을까?

이 책을 집필하는 도중에 오키나와에서 도쿄로 이사하였다. 사람들이 걷는 속도가 달랐다. 말하는 속도도 달랐다. 물리적 시간에 단단히 매여 있는 도시 사람들의 시간이 과연 인간 본래의 시간인가 하는 의문에 사로잡혔다.

오키나와발 비행기가 도쿄에 진입하면, 하늘에 회색 덩어리가 떠 있는 것이 보인다. 그 덩어리로 들어가면 하네다 공항이 나온다. 비행기에서 내려 올려다본 하늘은 뭐라고 말할 수 없을 만큼 안개로 가득 차 있다. 확실히 도쿄에는 하늘이 없다. 하늘을 쳐다볼 기분도 나지 않는다. 하늘을 보고 있던 눈이 갈 곳을 잃고, 자기 머릿속을 들여다보기 시작한다.

생생하게 살아 있는 자연과 함께하지 않으면, 아무래도 인간은 즉각 머릿속을 들여다보기 시작하고, 추상적으로 되는 존재인가 보다. 추상적으로 되기 시작하면 끝도 없이 사고의 크기가 커져서 머리만 유난히 커진다.

도시 사람들이 하고 있는 것은 과연 사람 본래의 크기에 맞는 것일까? 몸의 크기는 옛날과 그리 달라지지 않은 채로 사고의 크기만 급격하게 커진 것이 지금의 도시 사람들이 아닐까? 몸은 내버려두고 머리만 자꾸자꾸 앞으로 나아가버린 것이 현재 인류가 겪고 있는 불행의 최대 원인이라고 나는 생각한다.

1장과 2장의 내용의 일부는 〈주오코론中央公論〉 지에 쓴 것들이다. 이들은 그 후 일본 에세이스트클럽이 펴낸 베스트 에세이

집 《아버지의 가겨》괴 《네팔의 맥주》에 재수록된 것이어서 이미 읽은 분들도 있을 것이다. 양해를 구한다.

이 책의 원고를 읽어주시고 귀중한 의견을 내주신 도호쿠대학의 니시히라 씨, 도쿄공업대학의 이노우 씨에게 감사드린다. 또 편집을 맡은 이시가와 씨에게는 처음부터 끝까지 많은 신세를 졌다. 감사드린다.

1992년 4월

모토카와 다쓰오 本川達雄

**1**

# 동물의
# 크기와
# 시간

## 크기에 따라 시간이 달라진다

몸집이 작은 사람은 동작이 발랄하고 민첩해서 보기에도 상쾌하다. 반면에 몸집이 큰 사람은 동작이 느긋하고 태연한 면이 있다. 다른 동물들의 동작을 살펴보아도 그렇다. 쥐는 촐랑대며 돌아다니는 반면 코끼리는 느릿느릿 다리를 옮겨가며 걷는다.

동물의 크기와 시간 사이에는 어떤 관계가 있지 않을까? 아주 오랫동안 많은 사람이 이 문제를 연구해왔다. 예를 들어 쥐와 고양이, 개, 말, 코끼리의 심장 박동 시간 간격, 즉 동물의 심장 박동 주기를 각각 측정하여 그것이 동물의 체중과 어떤 관계가 있는지 조사해보는 것이다. 체중으로 몸집의 크고 작음을 나타내는 것은 간단하다. 그저 저울에 올려 측정하면 그만이기 때문이다. 하지만 신장(몸길이)으로 몸집의 크고 작음을 나타내려고 하면 문제가 간단하지 않다. 꼬리를 몸길이에 넣느냐 마느냐, 몸을 웅크렸을 때의 길이로 하느냐 쭉 폈을 때의 길이로 하느냐와 같이 까다로운 문제들이 마구 쏟아져나오기 때문이다.

포유류에 속하는 동물에서 체중과 시간을 측정해보니 다음과 같은 관계가 있음이 드러났다.

시간 $\propto$ 체중$^{\frac{1}{4}}$ ($\propto$는 '비례' 기호)

    시간은 체중의 4분의 1제곱에 비례한다는 것이다.

    체중이 늘어나면 그에 비례하여 시간도 길어지는 것은 맞다. 다만 4분의 1제곱이라는 것은 제곱근의 제곱근이므로 체중이 16배 늘어나면 시간은 2배 길어진다는 계산이 나오는데, 이것은 체중이 16배가 되면 시간도 16배가 되는 단순 비례와는 다르다. 체중의 증가에 비해 시간의 증가가 훨씬 느리게 나타나는 것이다.

    훨씬 느리게 나타나기는 하지만, 어쨌든 체중 증가에 따라 시간이 길어지는 것은 사실이다. 결국 큰 동물일수록 무슨 일을 하더라도 시간이 많이 걸린다는 얘기다. 예를 들어 동물의 체중이 10배 늘어나면 시간은 1.8배(=10$^{\frac{1}{4}}$배)로 늘어난다. 시간이 2배 가까이 더 걸린다는 것은 동물에게 무시할 수 없는 문제이다.

    이 4분의 1제곱 법칙은 시간과 관련된 온갖 현상에 놀라울 정도로 널리 적용된다. 예를 들어 동물의 수명을 비롯하여 어른 크기로 성장하는 데 걸리는 시간, 성적으로 성숙하는 데 필요한 시간, 새끼가 모체의 태반에 머무는 시간 등도 모두 4분의 1제곱 법칙을 따른다.

    신체의 일상적인 활동 시간 역시 체중의 4분의 1제곱에 비례한다. 숨을 쉬는 시간 간격, 심장의 박동 간격, 창자가 한 번 꿈틀거리는 데 걸리는 시간, 혈액이 몸 안을 한 바퀴 도는 데 걸리는 시간, 몸 밖에서 들어온 물질을 다시 몸 밖으로 내보내는 데 필요한 시간, 단백질이 합성되고 나서 파괴되기까지의 시간 등도 그러하다.

그러므로 생물의 시간은 다음과 같은 방식으로 파악할 수 있을 것이다. 즉 심장 박동의 간격은 반복 활동의 시간 간격이다. 숨을 들이쉬고 내쉬는 시간이나 창자가 꿈틀거리는 시간도 마찬가지다. 혈액 속으로 들어온 이물질을 밖으로 내보내는 시간은 혈액이 순환하는 시간과 관계있을 것이다. 수명도 개체에게는 단 한 번뿐이지만, 종에게는 태어나서 죽고, 다시 태어나서 죽고 하는 반복 활동의 단위시간인 셈이다. 생물에서는 이러한 시간의 반복 속도가 체중에 따라 달라진다. 어떤 반복 활동이 일어날 때, 한 번 반복하는 데 걸리는 시간은 몸집이 큰 동물일수록 오래 걸리고 작은 동물일수록 짧게 걸리는 것이다.

우리는 보통 시계를 사용하여 시간을 측정한다. 톱니바퀴와 추를 정교하게 결합하여 만든 기계장치가 째깍째깍 시간을 똑같이 잘라내고, 잘라낸 시간은 비정하게도 만물에 예외 없이 적용된다고 우리는 생각한다.

하지만 꼭 그렇지만도 않은 것 같다. 코끼리에게는 코끼리의 시간이, 개에게는 개의 시간이, 고양이에게는 고양이의 시간이, 쥐에게는 쥐의 시간이 있다는 사실을 생물학은 가르쳐준다. 생물학은 각자의 몸 크기에 따라 다른 시간 단위가 있다는 사실을 가르쳐준다. 생명현상에서는 이와 같은 시간을 물리적 시간과 구별하여 '생리적 시간'이라 한다.

## 심장 박동수 일정의 법칙이란?

생리적 시간을 다음과 같이 계산해본 사람도 있다. 시간과 관계가 있는 현상이 모두 체중의 4분의 1제곱에 비례한다는 사실에 착안하여, 그중에서 아무거나 두 가지를 골라 서로 나누어 체중에 따르지 않는 새로운 값을 얻는 것이다. 가령 어떤 동물이 숨을 한 번 들이마시고 내쉬는 데 걸리는 시간과 심장이 한 번 박동하는 데 걸리는 시간을 각각 측정하여, 숨 쉬는 데 걸린 시간을 심장 박동에 걸린 시간으로 나누는 것이다. 그렇게 하면 숨을 한 번 들이마시고 내쉴 때마다 심장은 네 번 고동친다는 사실을 알게 된다. 이것은 포유류에 속하는 동물에서 몸의 크기와 상관없이 모두 적용되는 사실이다.

동물의 수명을 그 동물의 심장이 한 번 박동하는 데 걸리는 시간으로 나누면 어떨까? 포유류에 속하는 동물은 모두 일생 동안 심장이 20억 번 박동한다는 계산이 나온다. 수명을 한 번 숨을 들이마시고 내쉬는 데 걸리는 시간으로 나누면, 일생 동안 5억 번 숨을 들이마시고 내쉰다는 계산이 나온다. 이것도 포유류에 속하는 동물은 대부분 몸의 크기에 상관없이 같은 값을 나타낸다.

단순한 물리적 시간으로 따지면 코끼리가 쥐보다 훨씬 오래 산다. 쥐는 기껏해야 몇 년밖에 살지 못하지만, 코끼리는 100년 가까이 살기 때문이다. 그러나 심장의 박동수를 가지고 잰다면, 코끼리나 쥐나 똑같은 길이만큼 살다가 죽는 셈이다. 작은 동물은 체내에서 일어나는 모든 생리적 현상의 템포가 빠르다. 따라서 물리적인 수명이 짧더라도 코끼리나 쥐나 자기의 일생을 다 살았다는 느낌만은 같을지도 모른다.

시간이란 지극히 기본적인 개념이어서, 사람들은 누구나 자기의 시계는 어떤 경우에도 잘 들어맞는다고 무심코 믿으면서 살아간다. 그러나 크기의 생물학은 그런 상식을 뒤엎는다.

이제부터 동물의 크기가 그들의 생활방식에 얼마나 커다란 영향을 끼치는가를 살펴볼 것이다. 방금 이야기한 시간의 예에서도 알 수 있듯이, 사람의 사고방식이나 행동 같은 것도 사람이라는 동물의 크기를 빼고서는 결코 이해할 수 없다. 자신의 크기를 아는 것이야말로 사람이 갖추어야 할 가장 기본적인 교양이다. 생물을, 그리고 인간을 크기라는 시각을 통하여 이해하는 것이 이 책의 목적이다.

**2**

# 크기와
# 진화

## 코프의 법칙

먼저 생물의 진화에 관한 이야기로 시작해보자. 생물의 역사는 크기에 대해 어떤 사실을 가르쳐줄까?

큰 동물이라고 했을 때 가장 먼저 떠오르는 동물은 코끼리일 것이다. 그러나 코끼리도 처음부터 지금과 같이 컸던 것은 아니다. 코끼리의 조상은 원래 멧돼지만 했다. 진화 과정에서 차츰 큰 종류가 나타나 마침내 매머드나 아프리카코끼리 같은 거대한 동물이 출현하였다.

어떤 계통의 동물 화석을 시간을 따라가며 조사해보면, 처음에는 크기가 작은 것에서 시작하여 시간이 지남에 따라 점점 커지는 예를 쉽게 볼 수 있다. 진화에서 이런 경향을 정리하면 '같은 계통 중에서는 몸집이 큰 종이 진화 과정에서 더 늦게 출현하는 경향이 있다'고 할 수 있는데, 이 법칙은 발견자의 이름을 따서 '코프의 법칙'이라 부른다. 코끼리나 말은 이 법칙에 잘 들어맞는 동물로 유명하다. 그래서 몸집이 커가는 과정을 그린 그림이 교과서에 자주 실리곤 한다. 무척추동물 중에서 코프의 법칙이 성립하는 예로는 암모나이트가 유명하고, 산호, 극피동물,

완족류, 단세포생물인 유공충 등도 잘 알려져 있다.

에드워드 드링커 코프Edward Drinker Cope는 19세기에 활동한 미국의 고생물학자다. 그는 정향진화설Orthogenesis의 강력한 지지자이기도 했다. 정향진화설이란, 진화론 중에서 '어떤 무리의 동물에게는 특정한 방향으로 진화하려는 성질이 본래부터 갖추어져 있다'고 주장하는 학설이다. 가령 말은 시간이 지남에 따라 몸이 커졌을 뿐 아니라 발가락 수가 줄어들고 이빨은 점점 복잡해졌다. 정향진화론에 따르면 이러한 변화 방향은 말이 처음부터 지니고 있던 성질이며, 말은 스스로 그러한 방향을 찾아 진화했다. 몸 크기의 증가가 여러 동물에서 발견되었기 때문에 코프는, 동물에게는 몸이 커지려고 하는 진화의 방향성이 본래부터 있다고 생각했다.

현대의 진화학은 정향진화설을 인정하지 않는다. 진화는 돌연변이에 의해 생겨난 새로운 형질이 자연선택되면서 일어나는데, 현재로서는 돌연변이에 방향성이 없다고 본다. 따라서 만약 진화에서 방향성을 찾아낼 수 있다면, 그것은 진화 방향의 우연한 변화가 생존경쟁에서 그만큼 유리했기 때문이라고 할 수 있다. 이렇게 볼 때 만일 코프의 법칙이 성립한다면, 그것은 큰 동물이 그만큼 생존에 유리했다는 얘기가 된다. 이 이야기는 과연 옳은 것일까?

몸집이 크면 어떤 이점이 있는지 생각해보자. 그런데 이 장에서 거론하는 대부분의 주제는 뒷장에서 상세하게 다룰 예정이

므로, 도중에 '어, 이게 무슨 얘기야!' 싶은 부분이 있더라도 일
단은 그냥 읽어주기 바란다.

## 큰 게 좋은 걸까?

크다는 것은 환경에 영향을 덜 받고, 자립성을 유지할 수 있다
는 이점이 있다. 동물 몸의 표면은 외부 환경과 접하고 있다. 몸
집이 클수록 몸의 부피에 비해 표면적이 작으므로 표면을 통해
일어나는 환경의 영향을 쉽게 받지 않을 것이다.

가장 좋은 예는 체온이다. 몸집이 큰 동물일수록 대개 체온이
일정하다. 그것은 마치 찻잔과 욕조 물의 원리와 같다. 찻잔의
물은 금방 식어버리지만, 욕조의 물은 데우는 데 오래 걸리듯
식는 데에도 오래 걸린다. 부피는 길이의 세제곱에 비례하는 데
반해 표면적은 길이의 제곱에 비례한다. 그래서 표면적을 부피
로 나눈 값($\frac{표면적}{부피}$)은 길이(크기)에 반비례하게 되어, 길이가 길어
질수록 그 값이 작아진다. 결국 같은 부피로 비교하면 덩치가
큰 욕조가 공기와 접촉하는 면적은 찻잔이 공기와 접촉하는 면
적에 비해 작다는 것이다. 열이 빠져나가는 표면적이 작으니까
잘 식지 않는 것이다. 이러한 사실로부터 몸집이 큰 동물일수록
외부 환경의 급격한 온도 변화를 더 잘 견뎌낼 수 있다는 유추
가 가능하다.

체온이 일정한 동물에게는 그보다 더 큰 이점이 있다. 체내에서 일어나는 화학반응의 속도는 체온에 따라 달라지는데, 대개 온도가 높을수록 반응속도가 빠르다. 근육의 수축 작용도 화학반응에 따르므로 근육의 수축 속도는 온도에 따라 달라진다. 그래서 같은 시간에 같은 거리에 있는 움직이는 물건을 잡기 위해 똑같이 팔을 뻗는다 해도, 만일 체온이 낮으면 근육 수축 속도가 느려져 그 물건을 잡지 못하고 놓치게 된다.

이처럼 정온성이 주는 이점 가운데 하나는 항시성이다. 온도에 따라 어떤 장치의 반응속도가 달라진다면, 정확한 운동이나 정밀한 제어는 불가능해진다. 또 하나의 이점은 고온성이다. 조류나 포유류의 체온은 상당히 높은 수준에서 일정하게 유지된다. 체온을 높게 유지하기 때문에 빠른 운동이 가능하다. 고온성과 항시성에 의해 정확하고 안정된 빠른 운동이 보장되는 것이다. 바로 이런 이점 때문에, 조류나 포유류는 에너지 측면에서 상당한 대가를 치르면서도 체온을 높은 수준에서 일정하게 유지한다. 정온동물은 체중이 같으면 몸집이 큰 동물일수록 체온을 일정하게 유지하는 데 필요한 에너지가 적게 든다. 변온동물의 경우에도 몸집이 큰 것은 체온을 꽤 일정하게 유지한다. 공룡이 정온동물이었는지 변온동물이었는지는 아직 논란이 되고 있으나, 체중이 수십 톤이나 되는 거대한 공룡이 오늘날 조류나 포유류에서 볼 수 있는 체온조절 기구를 갖지 못했다 해도, 체온은 거의 일정했을 것으로 생각하는 사람도 있다.

몸집이 큰 동물일수록 건조에도 강하다. 몸의 표면을 통해 빠져나가는 수분의 양이 상대적으로 적기 때문이다. '사막의 배'라 불리는 낙타는 커다란 몸이 긴 털로 덮여 있어서, 몸의 표면을 통한 수분 및 열의 출입을 막아 극심한 건조와 온도 변화에 견딜 수 있다.

몸집이 큰 동물은 배고픔에도 강하다. 기아 상태의 동물은 몸에 축적된 지방 등을 사용하면서 견디기 때문에, 체중이 절반으로 줄어든 시점에는 대부분의 동물이 견뎌내지 못하고 죽게 된다. 다음 장에서 자세히 설명하겠지만, 체중당 에너지 소비량은 몸집이 큰 동물일수록 적기 때문에 몸집이 클수록 장기간의 기아에 훨씬 잘 견딜 수 있다. 또 큰 동물은 걷는 속도나 걸어다닐 수 있는 범위가 크기 때문에 그만큼 좋은 환경을 찾아 이동하는 데 유리하다. 그래서 몸집이 큰 동물은 기아와 건조, 한랭과 혹서 등 극심한 환경 변화에 대처하는 능력이 크다고 말할 수 있다.

일반적으로 몸집이 크다는 것은 여유가 있다는 얘기와 같다. 동물이 살아가는 데 기본적으로 필요한 기능은 몸집이 다르더라도 거의 차이가 없다. 그러나 몸집이 큰 동물일수록 세포의 수가 많기 때문에, 그 여유분을 새로운 기능을 개발하는 데 활용할 수 있다. 세포 자체의 물질대사도 마찬가지다. 몸집이 큰 동물은 대사율이 낮기 때문에 세포 수준에서 보더라도 능력에 여유가 있다. 그래서 대개 몸집이 커지면 지능이 발달할 여유도 생기고, 또 오래 살기 때문에 무엇이든 차근차근 배울 수 있다.

머리가 좋은 인간이나 돌고래는 몸집이 큰 생물 축에 든다.

몸집이 작은 동물은 몸의 크기에 비해 많이 먹는 특징이 있다. 아메리카솔새라는 작은 새는 거의 30초에 한 마리꼴로 벌레를 잡아먹는다. 이런 새라면 편안하게 나뭇가지에 앉아 즐겁게 노래 부르며 살아갈 수 없을 것이다. 결국 몸집이 큰 동물일수록 식사 시간이 적게 들고, 그만큼 시간적으로도 여유가 있다.

몸이 크다는 것은 그만큼 힘이 세다는 뜻도 된다. 걷는 속도나 체중에서 다른 동물을 압도한다면 포식자를 만나도 걱정이 없고, 먹을 것을 손에 넣는 데에도 유리할 것이다. 다른 종과의 경쟁에서 몸집이 큰 종이 우위에 선다는 사실은 잘 알려져 있다. 아프리카 사바나의 물웅덩이에서 관찰한 바에 따르면, 코끼리가 물 마시기를 다 마칠 때까지 다른 동물들은 얌전히 기다린다. 물을 마시는 순서는 코끼리, 코뿔소, 하마, 얼룩말 등으로, 크기순이다. 또 같은 종끼리의 경쟁에서도 몸집이 큰 수컷이 암컷들을 독점하여 하렘harem을 형성하는 바다표범의 경우에서 전형적으로 볼 수 있듯이, 수컷들끼리의 싸움에서도 몸집이 큰 놈일수록 승리하여 자손을 많이 남길 가능성이 높다.

이런 측면에서 생각해보면, 남자는 키 크고 돈 잘 벌고 학벌도 좋아야 한다는 뭇 여성들의 현실성 없는 소망은 동물학적으로 타당한 셈이다. 키가 큰 남성과 키 큰 것을 좋아하는 여성이 짝짓기를 하면 키를 크게 하는 유전자가 인간 집단에게 급속하게 퍼져서 사람의 신장이 점점 커지게 될 것이다. 이것은 코프의 법칙을 현대 인류 사회에 적용해본 것이다.

지금까지 해온 이야기만으로는 큰 것만 좋고, 세상에는 몸집이 큰 동물만 남을 것 같지만 실제로는 그렇지 않다. 몸집이 작은 동물도 큰 동물에 못지않게 잘 살아가고 있다. 그럼 지금까지 해온 이야기에 어떤 모순이 있는 것일까?

코프의 법칙에 대한 재검토가 이루어진 것은 20년쯤 전의 일이다(이 책의 초판이 1992년에 출판되었으니 아마도 1970년 무렵일 것이다—옮긴이). 진화 과정에서 계통을 더듬어 살펴보면 확실히 몸집이 큰 녀석들이 늦게 출현하는 경우가 많다. 스티븐 M. 스탠리Steven M. Stanley는 암모나이트의 화석을 면밀하게 검토한 뒤에, 코프의 법칙은 옳지만 그 이유는 생존경쟁에서 언제나 큰 녀석들이 우위에 있어서가 아니라, 진화는 작은 것에서 출발하기 때문이라고 결론지었다. 새로운 계통의 조상이 되는 동물은 대부분 몸집이 작은 동물이다. 포유류의 경우가 특히 그러한데, 그중에서 영장류는 다람쥐만 한 조상에서 시작하였다.

이처럼 몸집이 작은 조상에서 시작한 동물 계통은 시간이 지남에 따라 다양한 동물을 만들어냈다. 몸의 크기도 다양하게 변화했지만, 본디 조상이 작았으므로 종의 다양성이 증가함에 따라 몸집이 큰 동물 종이 나중에 출현하는 것은 당연한 일이다. 그래서 몸집의 크기에만 주목하면 코프의 법칙이 성립하지만, 다른 측면에서 보면 그것은 종의 다양성이 증가해온 역사의 일면만을 본 것이다. 어느 한 시대에 살았던 암모나이트 화석의 크기 분포도를 여러 시대별로 각각 작성하여 비교해보면, 분명히 시대가 변함에 따라 최대 크기는 커지지만 크기 분포의 중앙값은 시대가 달라져도 거의 변함이 없다.

코프의 법칙이 말하고 있는 사실은 옳다. 하지만 그런 사실만 믿고 있다가는 '정향진화설'이나 '큰 것이 좋다는 설'과 같은 그릇된 사고의 함정에 빠지기 쉽다. 과학은 자연의 일면만을 잘라 생각하는 다소 고질적인 성격이 있다. 한 가지 사실이 가리키는 방향이 반드시 옳은 것은 아님을 잊지 않아야겠다.

그러면 왜 몸집이 작은 것이 동물 계통의 조상이 되기 쉬운 걸까? 그 이유는 작은 것일수록 변이가 일어나기 쉽기 때문이다. 작은 것은 한 세대의 길이가 짧고, 자손의 개체수는 많기 때문에 단기간에 새로운 돌연변이가 출현할 확률이 높다. 또한 작은 동물일수록 이동 능력이 약하기 때문에 이웃한 무리로부터 지리적으로 격리되기가 쉽고, 따라서 변이를 통해 새로 형성된 집단이 독자적으로 발전할 기회가 많아진다. 또 작은 동물은 환경 변화에 적응력이 약하기 때문에 이따금 환경에 잘 적응한 것을 제외한 나머지는 도태될 가능성도 높다. 이런 것들을 고려하면 작은 것이 새로운 계통의 조상이 되기 쉬운 이유를 이해할 수 있을 것이다.

큰 동물은 어지간한 환경 변화에는 별 문제 없이 오래 살 수 있다. 이는 우수한 성질이긴 하지만, 그런 안정성 탓에 새로운 것이 만들어지기 어렵다. 큰 동물은 개체수가 적고, 한 세대의 길이도 길기 때문에 극복할 수 없는 환경 변화에 마주치면 그에 적응할 새로운 변이종을 만들어내지 못하고 멸종해버린다. 반면에 작은 동물은 짧은 시간 동안 살면서 끊임없이 잡아먹히고 금방 죽어가지만, 차츰 변이종을 만들어내어 '서툰 총도 여러 번 쏘면 맞는다'는 식으로 후계자를 남길 수 있는 것이다.

작고 잽싸다는 것과 안정감이 있다는 것은 서로 상반되는 성질이지만, 결국 어느 쪽을 선택한다고 해도 자기 나름대로 살아갈 수 있다는 얘기다. 지구의 환경은 변화가 전혀 없지도 않았지만, 그렇다고 천재지변의 연속도 아니었다. 현재 지구상에는 큰 것이나 작은 것이나 모두 함께 살고 있다. 이것은 바로 큰 것이나 작은 것이나 각자 나름대로 살아갈 방법이 있음을 의미한다.

큰 것이 포식자에게 잡아먹히기 어려운 것은 틀림없다. 그러나 작은 것이라 하더라도 대개는 개체수가 많고, 동작이 잽싸서 작은 그늘에 숨기 쉬운 이점이 있는 까닭에 종을 유지할 만큼은 살아남을 수가 있다.

몸집이 작으면 환경 변화에 약한 것이 틀림없지만, 대신 숫자가 많고 한 마리가 필요로 하는 먹이의 절대량이 적다. 그래서 가령 극심한 가뭄이 계속되더라도 어딘가에 작은 물웅덩이 하나, 풀 한 포기라도 남아 있으면 거기서 사는 것들만은 살아남을 수 있다. 일생이 짧기 때문에 물이 있는 동안에 재빨리 성장하여 알을 낳고, 알의 형태로 가뭄을 이겨내는 곡예라도 부릴 수 있다. 그래서 작은 동물들은 개체의 생존 확률이 낮아도 종 전체의 생존 확률은 높기 때문에 그리 불리한 것만은 아니다.

체온조절이라는 측면에서도 정온성이 반드시 최선은 아닐지도 모른다. 몸집이 작으면 스스로 열을 내거나 햇빛을 쬠으로써 즉시 활동할 수 있는 체온을 만들 수 있다. 그러므로 활동을 멈추고 있는 동안 체온을 높이고 있을 필요가 없다. 체온을 높게 유지하려면 그만큼 많은 에너지가 소모되기 때문에 쉬는 시간에도 높은 체온을 유지하는 것은 에너지 낭비다. 몸집이 작으면 체온을 올리기도 쉽고 식히기도 쉬운 까닭에 필요할 때에만 고온으로 유지할 수 있다. 그래서 몸집이 작으면 그때그때 눈치껏 에너지를 절약할 수 있다. 정온동물 중에도 먹이가 부족한 겨울철에 동면하는 종류가 있는데, 곰은 동면 중에도 체온이 내려가지 않는다. 그런데 살쾡이같이 몸집이 작은 동물은 체온을 낮추어 에너지를 절약하면서 동면을 계속한다.


## 섬의 규칙


고생물학에 관한 법칙을 또 하나 살펴보자.

같은 종류의 동물이라도 섬에 살고 있는 동물과 대륙에 살고 있는 동물은 크기에 차이가 있다. 그 전형적인 예는 코끼리다. 섬에 격리된 코끼리는 세대를 거듭하면서 자꾸만 소형화한다. 섬은 대륙에 비해 먹이의 양도 부족하고 면적도 좁은 까닭에 동물 쪽에서도 거기에 맞추어 소형화된다고 설명하면 얼핏 이해가 될 듯도 싶은데, 이야기가 그렇게 간단치만은 않다. 쥐나 토끼같이 몸집이 작은 동물을 살펴보면, 역으로 섬에 사는 쪽이 더 크다.

섬에 격리되면 몸집이 큰 동물은 작아지고, 작은 동물은 커진다. 이것이 고생물학에서 말하는 '섬의 규칙'이다.

섬에 고립된 동물들의 크기 변화의 방향성은 화석을 살펴보면 잘 알 수 있다. 대빙하 시대는 포유류의 시대라고도 하는데, 시대가 새로웠던 만큼 화석도 풍부하고 지층의 역사도 잘 알려져 있어서, 이 시대에 산 섬 포유류의 화석을 시간에 따라 조사해보면 크기의 변화가 확실하게 나타난다.

대빙하 시대에는 해수면이 낮았기 때문에 현재의 많은 섬이 대륙과 땅으로 연결되어 있었지만, 깊은 바다로 격리되어 있던 섬들, 가령 술라웨시섬Sulawesi, 지중해의 여러 섬, 서인도 제도, 캘리포니아 근해의 섬들은 당시에도 섬이었다. 거기에 갇혀 있던 코끼리나 하마, 사슴, 나무늘보 등은 소형화되어갔다.

가장 인상적인 것은 코끼리다. 섬에서는 코끼리가 차츰 작아져서 마침내 다 자랐을 때의 어깨높이가 고작 1미터밖에 안 되는, 정확히 송아지 크기밖에 안 되는 코끼리가 출현했다.

섬에서는 왜 이런 크기의 변화가 일어나는 걸까? 포식자 문제가 한 가지 이유일 수 있다. 섬의 환경은 포식자가 적다. 대충 어림잡아 말하자면, 한 마리의 육식동물을 먹여 살리기 위해서는 초식동물이 100마리 가까이 존재해야 한다. 그런데 섬이 작아 가령 풀이 열 마리의 초식동물밖에 먹여 살릴 수 없을 정도로 적으면, 육식동물은 먹이 부족으로 살아남을 수 없지만, 초식동물은 살아남을 수 있는 상황이 된다. 이런 섬에서는 결국 포식자가 사라져버린다. 이런 환경에서 코끼리는 작아지고 쥐는 커진다.

코끼리는 왜 몸집이 커졌을까? 몸집이 크면 포식자가 잡아먹기 어렵기 때문일 것이다. 쥐는 왜 그렇게 작아졌을까? 그것 또한 포식자 때문일 것이다. 작아서 그늘진 곳에 숨으면 포식자의 눈을 피할 수 있다.

코끼리란 놈은 보면 볼수록 위대한 동물이다. 다른 동물이 물을 마시다가도 코끼리가 오면 무조건 물러나서 코끼리가 물을 마실 수 있게 한다. 그래서 몸집이 크면 어딘지 모르게 조금은 행복해 보일 수도 있다. 그러나 9장에서 살펴볼 것처럼, 코끼리의 뼈대는 무거운 체중을 지탱하기 위해 사실 상당한 무리를 하고 있다. 포식자에게 잡아먹히지 않으려고 지나치게 몸집을 불린 것이다. 포식자가 없으면 그렇게 무리를 해서까지 몸집을 불릴 필요가 없을 것이다.

몸집이 큰 데에 따르는 대가는 또 있다. 코끼리는 몸집이 엄청나게 큰 만큼 한 세대의 길이가 길고, 그 결과 돌연변이로 새로운 종을 만들어낼 가능성을 희생하고 있다. 엄청나게 크다는 것은 엄청나게 특수화한 것으로 볼 수 있고, 이것은 진화에서

막다른 골목으로 접어들었음을 의미한다. 사실 코끼리 무리 중에서 현재 살아남아 있는 것은 인도코끼리와 아프리카코끼리 두 종류뿐이며, 이들은 멸종을 향해 가고 있는 동물들이다. 이와 같이 코끼리든 고래든 거대한 동물은 인간의 사냥과 관계없이 가까운 장래에 운명적으로 멸종하게 되어 있다. 그런 만큼 소중한 동물이 아닐 수 없다.

한편 쥐라고 해서 몸집이 작고 아담한 것이 좋은 것만은 아니다. 몸집이 아주 작다는 것은 늘 먹이를 먹어대야 한다는 뜻으로, 먹이를 잠시만 구하지 못해도 즉각 굶어죽을 위험에 직면하게 된다. 이것이 쥐의 고민이다. 몸의 구조 면에서도 몸집이 작은 데서 오는 무리가 있다. 몸집이 작으면 심장이 항상 자명종처럼 빠르게 두근거리기 때문에 이것이 심장이나 혈관에 큰 부담을 줄 수도 있다.

위대하게 보이는 코끼리도 가능하다면 '보통의 동물'로 돌아가고 싶을 것이다. 쥐도 그러할 것이다. 그래서 포식자라는 압력이 없어지면, 코끼리는 작아지고 쥐는 커져서 포유류로서 몸집에 무리가 없는 보통의 크기로 돌아가는 것이다. 이것이 동물들이 '섬의 규칙'을 따르는 이유에 대한 한 가지 해석이다.

동물에게는 그 무리의 몸 구조나 생활방식에서 생겨나는 제약이 있다. 그래서 몸의 크기도 아무렇게나 변하는 것이 아니라, 일정한 범위 안에서 정해지는 것으로 보인다. 그 적정 범위의 양극단에 있는 동물은 어딘가에 무리가 있다고 보아도 될 것이다.

필자는 1986년부터 1988년까지 2년을 듀크대학교에서 보냈는데, 앞에서 말한 '섬의 규칙'은 그때 V. 루이스 로스V. Louise Roth에게서 들은 것이다. 루이스는 미국의 여성 과학자로서는 드물게 기품 있는 사람이었는데, 캘리포니아 근해의 섬에 살았던 소형화된 코끼리의 이빨 화석을 늘어놓으면서 수줍게 이야기하는 그녀의 우아한 표정을 바라보면서 필자는 일본의 경우를 머릿속에 떠올렸다.

미국에서 지내다 보니 '이곳은 다르구나!' 하고 느낀 적이 한두 번이 아니었다. 학문에 관해서는 일단 연구의 스케일이 방대했다. 연구팀을 조직하여 아이슬란드로 가서 고래에 관한 실험을 하는 사람이 있는가 하면, 미국의 호수를 무대로 플랑크톤 연구를 하는 사람도 있었다. 물론 거액의 자금을 동원하여 유전자나 뇌에 관한 연구를 진행하는 사람도 있었다. 학자 개개인을 보아도 혼자서 할 수 있는 일인가 싶을 정도로 대단한 업적을 낸 위인들이 있었다. 다음 장에서 이름이 나오는 크누트 슈미트-닐센Knut Schmidt-Nielsen도 그중 하나였는데, 이 듀크대학교의 간판 교수를 보고 있으면, 이런 사람에게는 도저히 맞설 수 없겠다는 생각이 뼈저리게 들곤 했다. 덧붙여 말하자면 이 책의 전반부는 그의 저서 《규모의 생물학-왜 동물의 크기가 그렇게도 중요한가?Scaling: Why Is Animal Size So Important?》를 토대로 한 것이다. 루이스 로스나 앞장에서 소개한 바 있는 시간 이야기를 생각해낸 윌리엄 A. 콜더William A. Calder는 그의 제자들이며, 나중에 이름이 나올 마이클 라바베라Michael LaBarbera와 스티븐 보겔Steven Vogel 등 듀크대학교의 동물 교실에 관계하는 사람들은 많든 적든 슈미트-닐센의 영향을 받은 사람들이다. 필자 또한 예외가 아니어서 이렇게 크기에 관한 책을 쓰고 있다.

듀크대학교에는 슈미트-닐센을 필두로 여러 명의 위대한 인물이 잔뜩 버티고 있어서, 그야말로 모두 놀라 나자빠질 정도였다. 그런데 대학 바깥으로 한 걸음만 나가도 느낌이 매우 달라진다. 슈퍼마켓의 점원이건 자동차 수리공이건 손님 응대가 놀랄 만큼 느리고 부자연스럽다. 정말 이러고도 월급을 받을 수 있을까 싶을 정도로 손님을 애타게 만들어서 일본인들의 유능함을 새삼스럽게 깨달았다.

그때 이런 생각이 퍼뜩 떠올랐다. 아하, 이것이 바로 '섬의 규칙'이구나! 루이스가 해주는 이야기를 들으면서 그런 생각이 들었다. 섬나라라는 환경에서는 엘리트의 크기는 작아지고, 걸출한 큰 사람이라 할 만한 위인은 나오기 어렵다. 거꾸로 작은 사람, 즉 보통 사람의 크기는 커져서 평균적인 지적 수준은 높다. '섬의 규칙'은 사람에게도 들어맞는 모양이다.

대륙에서 살면 터무니없는 일을 생각하거나 상식에 어긋나는 일을 하는 게 가능할 것 같다. 주위로부터 무시받으면 멀리 다른 곳으로 달아나버리면 되니까. 섬에서는 그럴 수가 없다. 튀어나온 못은 조금만 나와도 망치에 얻어맞기 때문이다. 이런 이유로 대륙에서는 뜻밖에도 새로운 사상이 생겨나서 결코 지지 않는 대사상으로 자라난다. 대륙에 사는 사람들은 동물 세계의 사나운 포식자에 비유할 수 있는 온갖 사상과 싸워서 단련된 대사상을 창조해온 것이다. 그것은 대륙인의 위대한 면모로서 경외할 만하다. 그러나 이들 대사상은 어쩌면 동물 세계의 코끼리와 같은 존재인지도 모른다. 그것은 인간이 몰입하여 행복을 느낄 수 있는 사고의 범위를 훨씬 넘어서서 거대한 크기가 되어버렸는지도 모른다. 동물에게 무리가 없는 알맞은 크기가 있듯이 사상에도 인류에게 알맞은 크기가 있는 게 아닐까? 루이스 로스의 이야기를 듣는 동안 나는 이런 생각들을 미국 생활에서 받은 인상과 중첩시켜 생각하고 있었다.

물론 이런 연상에 논리적인 관계가 있는 것은 아니다. 그러나 나는 생물학이라는 학문도 인간이 뭔가를 생각할 때, 그 나름대로 실마리를 제공해주는 것이라고 생각한다. 생물들은 수억 년이라는 시간에 걸쳐 헤아릴 수 없을 만큼 많은 실험을 해왔다. 눈으로 볼 수 있는 그 실험 결과가 현재 살고 있는 생물들이고, 실험의 과정은 화석으로 남아 있다. 이들을 시뮬레이션 모델 삼아 인간 현상에 적용한다고 해도 나쁘지 않을 것이다. 일본이라는 섬나라와 미국이라는 대륙 국가의 차이를 생각하는 데는 생물학이나 고생물학도 참고가 되지 않을까?

섬의 규칙이 인간에게도 그대로 적용될 수 있는지 어떤지는 일단 접어두기로 하자. 바야흐로 지구는 점점 좁아져서 하나의 섬처럼 되었다. 지금까지는 '대륙의 시대'였다. 하지만 이제부터는 싫든 좋든 '섬의 시대'가 될 것이다. 지금이야말로 섬이란 무엇인가, 대륙이란 어떤 곳인가에 대해서 생물학을 포함한 여러 시각으로 탐구해볼 때다.

일본인은 섬에 살고 있으므로 자기의 정체성identity을 확인하기 위해서라도 섬이란 무엇인가를 진지하게 생각해야 한다. 지금까지 일본 사람들이 가꾸어온, 섬에서 살아오며 얻은 지혜는 앞으로 인류가 살아가는 데 귀중한 재산이 될 것이다.

**3**

# 크기와
# 에너지
# 소비량

## 기초대사량 – 기본적인 에너지 소비량

인간을 포함한 모든 동물에게 먹는다는 것은 기본적인 관심사다. 동물의 크기와 식사량은 어떤 관계가 있을까?

몸집이 큰 동물이 많이 먹는다는 것은 분명한 사실이다. 동물원에서 코끼리나 하마가 먹는 모습을 보고 있으면 정말 대단하다는 생각이 들겠지만, 그렇다고 해서 체중이 10배 되는 동물이 식사도 10배로 많이 하는 것은 아니다. 마른 사람이 많이 먹는다는 말도 있듯이, 동물의 식사량은 체중의 증가분만큼 늘어나는 것이 아니다.

우리는 먹지 않고서는 살 수가 없다. 왜 그럴까? 동물체라는 복잡한 구조물을 유지하기 위해서는 에너지가 필요하고, 이 에너지는 음식물에서 얻기 때문에 동물은 계속 먹이를 섭취해야 한다. 이처럼 먹는 것은 동물에게 가장 기본적인 활동이라 할 수 있는데, 동물들의 식사량은 몸의 크기에 따라 어떻게 달라질까? 물론 식사량은 에너지 소비량과 관계가 있다. 먼저 이 장에서는 몸의 크기와 에너지 소비량의 관계를 살펴보기로 한다. 그리고 다음 장에서는 식사량에 관하여 살펴보려고 한다.

에너지를 얻기 위해서는 음식물을 태워야 한다. 나무를 태우면 공기 중의 산소와 결합하여 산화되는 과정에서 대량의 에너지가 열의 형태로 급격하게 방출되는데, 같은 산화 과정이라도 동물의 체내에서는 산화가 아주 천천히 일어나서 열이 그다지 많이 발생하지 않는다.

동물은 호흡을 통하여 산소를 몸 안으로 끌어들이고, 끌어들인 산소를 이용하여 음식물을 산화시킨다. 산화 과정에서 발생하는 에너지는 아데노신삼인산(adenosine triphosphate, ATP)이라는 물질에 저장되며, 체내에서 에너지가 필요할 때 필요한 장소에서 이 ATP가 저장하고 있던 에너지를 방출함으로써 에너지 수요를 조달한다. 산소가 없으면 대부분의 동물들은 곧바로 죽게 되는데, 이는 ATP에 저장된 에너지가 금세 바닥나버리기 때문이다.

산소를 얼마나 사용했는가는 에너지 사용량의 좋은 지표이다. 탄수화물, 지방, 단백질 가운데 어느 영양소를 태우더라도 발생하는 에너지의 양은 거의 같다. 산소 1리터당 20.1킬로줄(kJ)의 에너지다. 그래서 동물의 에너지 사용량을 알아보는 방법으로 산소 소비량을 측정하는 방법이 널리 쓰이고 있다.

산소 소비량을 측정하는 방법에는 여러 가지가 있는데, 어느 방법을 선택하더라도 별로 어렵지 않다. 이것도 산소 소비량을 이용하는 중요한 이유 중 하나다.

그런데 실제로 산소 소비량을 측정해보면, 동물의 상태에 따라 큰 차이가 난다. 그건 당연한 일이다. 달리기를 하면 숨을 크게 쉬어 공기를 많이 들이마시게 되고, 음식물을 먹은 직후에는 소화를 위해 에너지를 많이 사용하는 까닭에 결국 산소 소비량이 많아지기 때문이다.

음식을 먹지 않고, 덥지도 않고 춥지도 않은 상태에서 안정을 취하고 있을 때의 에너지 소비량을 기초대사량이라고 한다. 이것은 개체가 생명을 유지하는 데 필요한 기본적인 에너지이므로 유지대사량(일본에서 사용하는 용어이다—옮긴이)이라고도 한다. 여기서 안정을 취하고 있을 때란, 잠을 자거나 동면 중인 상태가 아닌, 돌아다니지 않고 조용히 깨어 있는 상태를 말한다. 기초대사량은 보통 단위시간당 산소를 얼마만큼 소비했는가, 즉 물질대사의 속도(대사율)로 나타낸다.

체중이 가벼운 쥐부터 무거운 코끼리에 이르기까지 여러 크기의 정온동물의 기초대사량을 조사하여, 체중을 가로축으로, 기초대사량을 세로축으로 하는 그래프를 그려보자. 체중이 40그램인 쥐부터 40톤인 코끼리까지의 값을 하나의 그래프에 나타내려면 보통의 그래프 눈금을 사용한 용지로는 어려우므로, 여기서는 대수(가로축, 세로축이 모두 로그log 눈금인) 그래프용지를 사용하기로 한다. 대수 그래프용지는 가로축, 세로축 모두 한 눈금 늘어날 때마다 값이 10배로 늘어나는 눈금을 가진 용지이다(대수 로그에 관해서는 책 끝에 있는 부록 1을 참조하라).

대수 그래프용지를 써서 '쥐-코끼리 곡선'을 그린 것이 그림

3-1이다. 불가사의하게도 모든 점이 거의 일직선상에 놓인다. 내수 그래프를 보면 기초대사량과 체중 사이에 아주 간단한 관계가 성립한다는 것을 알 수 있다.

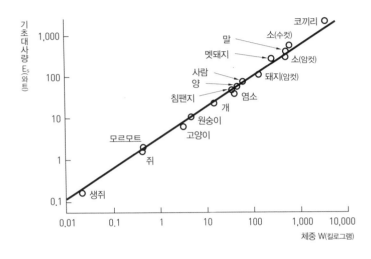

**그림 3-1** 체중과 기초대사량의 관계(포유류). 기초대사량의 단위는 와트(W)이다. 1와트는 1초 동안 1줄(J)의 에너지를 사용하는 대사율을 나타낸다. (Schmidt-Nielsen, 1984)

이 '쥐-코끼리 곡선'을 식으로 표현해보자. 체중을 W(단위는 킬로그램), 기초대사량을 $E_s$(단위는 와트)로 표시하면 다음과 같다.

$$\log E_s = \log 4.1 + 0.751 \times \log W$$

이 식은 체중이 1킬로그램일 때 기초대사량 4.1와트인 점을 지나고 기울기가 0.751인 직선의 방정식이다. 대수식을 지수식으로 바꾸어 나타내면 다음과 같다.

$$E_s = 4.1W^{0.751}$$

이제 이 식의 의미를 생각해보자. 기초대사량이 체중의 4분의 3제곱에 비례한다는 것은 체중이 2배가 되어도 에너지 소비량은 1.68배밖에 늘어나지 않는다는 것을 의미한다. 2배와 1.68배는 별로 큰 차이가 없는 것 같지만, 체중 차이가 커지면 그 차이가 더욱 커진다. 체중 차이가 100배가 되면 에너지 소비량은 32배, 1,000배면 178배, 1만 배면 1,000배 차이가 난다. 체중 4톤(코끼리 크기)인 동물과 체중 40그램(생쥐 크기)인 동물의 체중 차이는 10만 배다. 하지만 기초대사량으로 따졌을 때 에너지 소비량은 5,600배밖에 차이가 안 난다. 결국 에너지 소비량의 증가는 체중 증가의 18분의 1밖에 안 되는 것이다.

단순하게 생각하면 체중과 에너지 소비량은 같은 비율로 증가한다고 예상하기 쉽다. 체중은 대체로 동물의 근육량을 나타내는 것이므로 근육의 양이 2배로 늘어나면 에너지 사용량도 2배가 되고, 근육의 양이 1만 배로 늘어나면 에너지 사용량도 1만 배가 되는 단순한 비례관계가 성립한다고 생각해도 괜찮을 것처럼 보인다.

그런데 그렇지 않다. 큰 동물일수록 체중에 비해 에너지를 적게 사용한다. 이 점을 확실히 하려면 체중 1킬로그램당 사용하는 에너지의 양으로 환산해보면 된다. 즉 개체의 산소 소비량을 체중으로 나누는 것이다.

$$\text{단위체중당 산소 소비량} = \frac{\text{개체의 산소 소비량}}{\text{체중}}$$

$$= 4.1\text{W}^{0.751} \div \text{W}^{1}$$

$$= 4.1\text{W}^{\frac{3}{4}-1} = 4.1\text{W}^{-\frac{1}{4}}$$

단위체중당 산소 소비량은 체중의 마이너스 4분의 1제곱에 비례한다. 결국 체중이 늘어나면 단위체중당 산소 소비량은 체중의 4분의 1제곱에 반비례하게 된다. 즉 체중이 늘어남에 따라 단위체중당 에너지 소비량은 줄어든다는 뜻이 된다.

코끼리의 조직 1그램은 쥐의 조직 1그램보다 에너지 소비량이 훨씬 적다. 왜 그럴까? 큰 동물은 죽은 조직이 차지하는 부분이 많아서 에너지 소비량이 적은 게 아닌가 생각할 수도 있지만 그건 아니다. 죽어 있는 것은 아니다. 세포 자체의 활동성이 코끼리와 쥐가 다르며, 몸집이 클수록 세포의 활동이 활발하지 않기 때문이다.

세포 속에는 미토콘드리아라고 하는 세포소기관이 있다. 이 소기관이 세포 속에서 산소를 이용하여 ATP를 만들어내는데, 세포의 에너지 수요가 동물의 크기에 따라 다르다면 세포 내에 들어 있는 미토콘드리아의 수도 다를 것이다. 실제로 조사해본 바에 따르면, 작은 동물일수록 미토콘드리아가 많다. 게다가 세 포 호흡에 필요한 시토크롬cytochrome의 양을 조사해보아도 역 시 작은 동물일수록 세포 내에 높은 농도로 들어 있다. 단백질 합성을 얼마나 왕성하게 할 수 있는가를 나타내는 지표인 RNA 의 양도 작은 동물의 세포에 많다.

여기서 잠시 1장에서 수명을 비롯하여 동물의 시간은 무엇이 든 체중의 4분의 1제곱에 비례한다고 했던 이야기를 상기해보 자. 체중 1킬로그램당 에너지 소비량은 체중의 4분의 1제곱에 반비례하므로, 이 두 가지를 서로 곱하면 체중과 관계없는 양이 나올 것이다. 즉 시간과 기초대사량을 곱하여, 그 시간에 사용하 는 체중당 에너지 총량을 계산해보면, 체중과 관계없이 일정해 질 것을 예상할 수 있다. 실제로 계산해보면, 포유류의 경우 심 장이 한 번 뛰는 동안 소비하는 에너지의 양은 체중에 관계없이 1킬로그램당 0.738줄이고, 일생 동안 총 에너지 사용량은 15억 줄로 일정하다. 15억 줄은 등유로 치면 4만 리터를 태울 때 나 오는 에너지와 맞먹는 양이다.

동물의 수명은 크기에 따라 크게 달라진다. 그런데 일생 동안 사용하는 에너지의 총량을 체중 1킬로그램당으로 환산하면, 수 명에 관계없이 일정하다. 수명이 짧은 동물은 그만큼 격렬하게 타면서 사라진다는 의미일까?

# 표면적과 부피 문제

동물의 크기에 따라 에너지 소비량이 달라진다는 사실은 프랑스의 수학자 피에르 프레데리크 사루스Pierre Frédéric Sarrus와 의사 J. 라모J. Rameaux가 이미 150년 전에 착안하였다. 그들의 발상은 다음과 같았다. 새나 짐승과 같은 정온동물은 체온을 일정하게 유지하기 위해 항상 열을 생산해야 한다. 열은 몸 표면을 통하여 달아난다. 달아나는 열의 양은 몸의 표면적에 비례한다. 달아난 열의 양만큼을 만들어내야만 체온을 일정하게 유지할 수 있으므로, 체온 유지에 필요한 에너지는 몸의 표면적에 비례할 것임이 틀림없다. 보온을 위한 에너지가 기초대사의 대부분을 차지한다면, 기초대사는 몸의 표면적에 비례할 것이다. 이러한 생각을 '몸 표면적의 법칙'이라 한다.

이런 생각이 옳은지 그른지를 검증하기 위해서는 먼저 몸의 표면적을 어림해보아야 한다.

어떤 물체가 있을 때, 모양에 따라 그 길이와 표면적과 부피 사이에 어떤 관계가 있는지를 살펴보자. 구에서는 표면적이 반지름의 제곱에 비례하고, 부피는 반지름의 세제곱에 비례한다. 육면체에서도 상황은 비슷하다. 그래서 일반적으로 다음과 같은 관계가 성립한다.

표면적 $\propto$ 길이$^2$

$$부피 \propto 길이^3$$

동물의 몸은 대부분 물로 이루어져 있어 비중이 거의 1이므로, 몸의 부피가 5리터인 동물의 체중을 5킬로그램이라 해도 그다지 틀리지 않다. 그러므로 몸의 부피를 체중으로 대신하여 나타내도 무방하다. 위에서 제시한 관계식을 체중을 기준으로 다시 쓰면 다음과 같다.

$$몸길이 \propto 체중^{\frac{1}{3}}$$
$$몸의 표면적 \propto 체중^{\frac{2}{3}}$$

이제 기초대사가 체중의 3분의 2제곱에 비례하면, 몸 표면적의 법칙이 성립한다고 할 수 있다.

정온동물에서는 같은 종일 경우, 추운 지방에 사는 개체일수록 몸집이 크다. 또 유연관계가 가까운 종끼리 비교해보면, 대형 종일수록 한랭 지역에서 서식하는 경향이 있다. 이것을 '베르그만의 규칙Bergmann's rule'이라고 한다. 몸집이 클수록 단위체중당 표면적이 작아지기 때문에 열이 빠져나가는 비율이 작아진다. 그래서 추운 지방에서의 생활에 적응한 결과 마침내 그렇게 되었다는 것이 이 규칙에 대한 해석이다. 카를 베르그만Karl Bergmann이 이 규칙을 발표한 것은 몸 표면적의 법칙에 대한 아이디어가 나온 직후였기 때문에, 그의 규칙은 이 법칙을 실증하는 것으로 받아들여졌다.

표면적과 체중의 관계를 조금 더 살펴보자. 여기 한 물체가 있다. 물체의 가로, 세로, 높이를 각각 2배로 늘려보자(표 3-1). 그렇게 하면 크기는 커지지만 전체적인 모양은 변하지 않는다. 크기는 다르나 모양이 같은 도형을 기하학에서는 닮은꼴이라고 한다. 가령 실물 자동차와 그 축소 모형 차는 기하학적으로 닮은꼴이다.

기하학적으로 닮은꼴인 도형에서는 길이가 2배로 늘어나면 표면적은 2의 제곱인 4배로, 부피는 2의 세제곱인 8배로 늘어난다. 표면적과 부피의 비를 구하면, 다음과 같은 식이 나온다.

$$\frac{\text{표면적}}{\text{부피}} \propto \frac{\text{길이}^2}{\text{길이}^3} \propto \frac{1}{\text{길이}}$$

| 길이 | 표면적 | 부피 | 표면적/부피 |
|------|--------|------|-------------|
| 1 | 1 | 1 | 1 |
| 2배 | 4 | 8 | 1/2 |
| 3배 | 9 | 27 | 1/3 |
| 10배 | 100 | 1000 | 1/10 |
| n배 | $n^2$ | $n^3$ | 1/n |

**표 3-1** 기하학적 닮은꼴 물체에서 길이, 표면적, 부피의 관계. 가로, 세로, 높이를 모두 2배, 3배…로 늘리면 표면적과 부피, 단위부피당 표면적(표면적÷부피)은 각각 몇 배가 될까?

완전히 같은 모양을 한 닮은꼴인 경우에도 $\frac{표면적}{부피}$ 은 길이에 반비례하여 작아진다. 이 관계식을 통하여 크기가 큰 동물일수록 부피당 표면적이 작아지는 것을 알 수 있다.

열을 만들어내는 능력이 조직의 양에 비례한다면, 그것은 부피에 비례한다. 빠져나가는 열량은 표면적에 비례한다. 따라서 몸집이 큰 동물일수록 열에서 여유가 있게 되어, 추운 지방에서도 살아갈 수 있다. 이것이 베르그만의 규칙에 대한 설명이다. 그리고 표면에서 빠져나가는 열을 보충할 수 있는 능력이 그 종의 분포와 크기를 결정하므로, 이것은 몸 표면적의 법칙이 타당함을 증명한 것이 된다.

## 4분의 3제곱 법칙 – 생명의 설계 원리

몸 표면적의 법칙을 최초로 실험적으로 증명하려 한 사람은 독일의 막스 루브너Max Rubner였다. 그는 체중 3~30킬로그램의 개들을 이용한 실험에서, 산소 소비량은 대체로 몸의 표면적에 비례한다는 결과를 얻었다. 몸 표면적의 법칙을 증명한 셈이다. 약 100년 전의 일이다.

흔히 몸 표면적의 법칙은 법칙law이라 부르고 베르그만의 규칙은 규칙rule이라 부른다. 베르그만의 규칙은 단순한 경험칙이기 때문에 규칙이라 한다. 그에 비해 몸 표면적의 법칙은 수학적인 고찰을 거쳐 도출된 것이기 때문에 틀림없이 자연의 법칙일 것이다. 부르는 이름을 통해 사람들이 그 발견을 어떻게 평가하는가를 알 수 있다.

그 후 크기의 범위를 더욱 넓혀, 다양한 동물의 기초대사량을 측정해서 그림 3-1의 그래프를 그려보니, 직선의 기울기가 4분의 3이 된다는 것을 알 수 있었다. 물질대사가 표면적에 비례한다면 기울기가 3분의 2가 될 텐데, 그렇게 되지는 않았다. 0.75(4분의 3)와 0.67(3분의 2)은 그리 큰 차이가 아닌 것 같지만 통계적으로는 유의미한 차이가 있어서 엄연히 서로 다르다. 결국 몸 표면적의 법칙은 성립하지 않는다는 결론이 났다.

베르그만의 규칙에도 예외가 많아서, 위도가 높아짐에 따라 분명히 크기가 커지기는 하지만 어느 위도를 넘어서면 오히려 크기가 작아지는 사례도 보고되고 있어서 일반적인 규칙이라 말하기는 어렵다.

기초대사량과 체중의 관계는 몸 표면적이라는 이론적 증거를 상실하고, 단순한 경험칙으로 전락해버렸다. 그래도 다시 법칙으로 격상시키고 싶은 마음에서 4분의 3제곱 법칙을 설명하는 다양한 이론이 제시되어왔지만, 아직 결정적인 이론은 없는 상황이다. 이에 관해서는 10장에서 살펴보기로 한다.

왜 4분의 3인가 하는 논의는 일단 접어두기로 하고, 체중당 대사율이 크기에 따라 작아지지 않으면 곤란해진다는 사실은 막스 클라이버Max Kleiber의 다음과 같은 언급을 생각해보면 좋을 것이다. 쥐가 소와 같은 대사율을 가질 경우, 체온을 유지하려면 털가죽의 두께가 20센티미터나 되어야 한다. 그럴 경우, 털에 묻혀 제대로 걸을 수도 없게 된다. 반대로 소가 쥐와 같은 대사율을 가진다면, 열이 축적되어 체온이 100도를 넘어버린다. 그렇게 되면 자기가 내는 열에 비프스테이크가 되고 말 것이다.

4분의 3제곱 법칙에 대한 이론적 설명은 아직 이루어지지 않았지만, 대단히 널리 적용되는 규칙임은 분명하다. 지금까지의 이야기는 조류나 포유류 같은 정온동물에 관한 것이었다. 변온동물의 경우는 어떨까?

변온동물에서는 각 동물의 기초적인 생리 상태에 맞추어 조용히 깨어 있을 때의 산소 소비량을 측정한다. 측정 온도는 그 동물이 평상시 생활하는 온도로 하기 때문에 종에 따라 달라진다. 그래서 비교를 위해 측정한 산소 소비량을 20도 값으로 환산한다. 환산은 온도가 10도 높아지면, 대사 속도가 2.5배 빨라지는 것으로 하여 계산한다.

그렇게 하면 변온동물의 대사량 역시 기울기가 4분의 3인 직선을 나타낸다(그림 3-2). 변온동물에도 지렁이나 곤충 같은 무척추동물에서 물고기나 개구리, 파충류 같은 척추동물까지 다양한 종류가 있는데, 그들에 대한 조사 결과는 그래프에서 모두 하나의 직선 위에 놓였다. 다만 이 직선은 4분의 3의 기울기를 가지면서도 정온동물의 것보다 조금 아래로 내려가 있다. 변온동물의 기초대사량과 체중의 관계식을 정온동물의 것과 함께

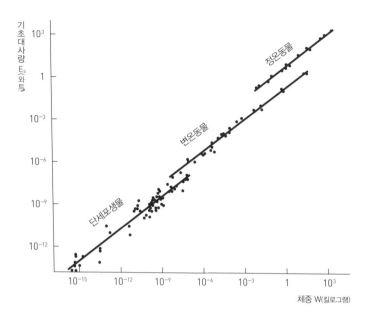

**그림 3-2** 체중과 기초대사량의 관계. 정온동물이나 변온동물이나 단세포생물이나 가로, 세로 대수 그래프용지에다 그래프를 그리면, 같은 기울기의 직선이 된다. 변온동물과 단세포생물은 온도 섭씨 20도로 환산한 값이다. (Wilkie, 1977)

표 3-2에 정리하였다. 이 두 식을 들여다보면, 기초대사량이 체중의 0.751제곱에 비례하는 것은 완전히 같다. 변온동물에서나 정온동물에서나 기초대사량은 모두 체중의 4분의 3제곱에 비례하기 때문에, 몸 표면적의 법칙에 대한 설명처럼 이것을 정온성 체온 유지와 관련지을 수는 없다.

두 식은 비례상수 부분만 다르다. 그러므로 정온동물의 식을 변온동물의 식으로 나누면, 체중 항이 없어진다(표 3-2 아래 식).

같은 크기로 비교하면 정온동물의 기초대사량은 변온동물의 29.3배가 되는데, 이 29.3이라는 수치는 크기에 관계없이 일정한 값이다. 정온동물은 아무것도 하고 있지 않아도 변온동물보다 거의 30배나 되는 에너지를 소비하는 것이다. 이것은 꼭 기억해둘 만한 중요한 사실이다.

| 정온동물 | $4.1W^{0.751}$ |
|---|---|
| 변온동물 | $0.14W^{0.751}$ |
| 단세포생물 | $0.018W^{0.751}$ |

$E_S$(정온동물) $\div$ $E_S$(변온동물) $= 4.1W^{0.751} \div 0.14W^{0.751} = 29.3$

**표 3-2** 기초대사량($E_S$, 단위는 와트, 체중 W의 단위는 킬로그램)

엔트로피는 자연 상태로 놓아두면 증가한다. 이 열역학 제2법칙을 거스르고 생명이라는 복잡한 구조물을 유지하기 위해서는 에너지가 필요하다. 그 에너지 요구량이 30배나 차이 난다는 사실에 비추어볼 때, 정온동물과 변온동물은 질적으로 상당히 다른 생물이라 하지 않을 수 없다.

에너지 소비량의 차이를 단순히 체온의 차이로 생각할 수도 있다. 체온이 10도 높아지면 대사량은 약 2.5배 증가한다. 정온동물의 체온은 39도로, 변온동물의 체온은 20도로 하여 비교한 것이므로 차이가 나는 것은 당연하다. 그래서 변온동물의 대사량을 39도로 환산하면, 20도 때 대사량의 5.7배가 되는데, 이렇게 같은 체온으로 환산하여 비교해보아도 정온동물은 변온동물보다 5배나 많은 에너지를 소비하고 있다. 정온동물과 변온동물은 단지 체온만 다른 것이 아니다.

그림 3-2에는 왼쪽 아래 방향으로 더 내려간 위치에 세 번째 직선이 그려져 있다. 이것은 단세포생물의 기초대사량을 나타낸 것이다. 이 직선의 관계식도 표 3-2에 있다. 이 경우도 역시 기초대사량은 체중의 0.751제곱에 비례한다. 단세포생물은 세포가 한 개밖에 없고, 현미경 없이는 볼 수 없는 작은 생물이다. 그런 미생물까지도 정온동물이나 변온동물과 완전히 같은 값이 나온다는 것은 놀라운 일이다.

단세포생물에서도 기초대사량은 체중의 4분의 3제곱에 비례한다. 다만 비례상수 0.018은 다세포생물에 비해 매우 작은 값이다. 만일 체중 1킬로그램의 거대한 단세포생물이 존재한다면, 그 생물의 산소 소비량은 변온동물의 8분의 1, 정온동물의 230분의 1밖에 안 될 것이다.

'단세포생물에서 다세포생물로, 변온동물에서 정온동물로.' 이것은 진화 과정에서 아주 커다란 진행 단계였다. 이 진행 단계를 거칠 때마다 기초대사량은 약 10배씩 증가해왔다. 에너지 소비 측면에서도 이들의 진행 단계는 생물에게 커다란 질적 변화를 일으켰으리라고 추측된다.

그런데 직선의 기울기에는 변화가 없었다. 진화 과정에서 온갖 커다란 변화가 일어났지만 기초대사량은 정온동물에서건 변온동물에서건, 척추동물에서건 무척추동물에서건, 다세포생물에서건 단세포생물에서건 모두 체중의 4분의 3제곱에 비례한다. 따라서 이 4분의 3제곱 법칙에는 틀림없이 생명이 가진 기본적인 설계 원리가 숨어 있을 것이다. 지금까지의 이야기는 안정된 상태에서의 에너지 소비에 관한 것이었다. 그렇다면 동물들이 활동하고 있는 경우에는 어떨까?

일상적으로 밥을 먹고 활동하다가 잠을 잔 경우의 에너지 소비량을 하루에 걸쳐 측정하여 단위시간당 평균 에너지 소비량으로 환산해보자. 동물에 따라, 또는 측정한 사람에 따라 차이가 있겠지만, 대체로 기초대사량의 1.3~3.0배가 된다. 평균적으로는 기초대사량의 2배의 에너지를 사용한다. 보통으로 활동한 경우의 에너지 소비량이 기초대사량에 비례한다는 것은 이것 역시 체중의 4분의 3제곱에 비례함을 의미한다.

마음껏 운동하게 했을 때의 최대 산소 소비량은 어떻게 될까? 실은 이것도 기초대사량에 비례하는 것으로 나타나며, 대체로 기초대사량의 10배가 된다. 대사량은 무엇이든 기초대사량에 비례하며, 더 나아가서 체중의 4분의 3제곱에 비례한다.

이 장에서는 에너지 소비량이 체중의 4분의 3제곱에 비례한다는 사실을 살펴보았는데, 이렇게 광범위하게 어떤 동물에나 적용되는 경험법칙은 생물학을 통틀어 살펴보아도 좀처럼 찾기 어렵다. 그렇다면 교과서에 실릴 법도 한데 실리지 않는 이유는 '왜 4분의 3제곱인가'에 대한 설명이 없기 때문이다. 설명할 수 없으면 학문이 아니라는 생각은 당연하지만, 학문의 폭을 좀더 넓혀서 비록 설명이 안 되더라도 억지가 아니라면 학문으로 받아들이는 것도 좋지 않을까 생각한다.

## 사람의 크기―현대인의 크기

마지막으로 사람의 기초대사량이 어느 정도인지 알아보자. 체중과 기초대사량의 관계식에 체중 60킬로그램을 대입하면, 일본 성인 남자의 기초대사량은 88.8와트라는 이론값이 나온다. 실측값은 약 68와트이며, 이론값과의 차이는 최대 3할 정도이다. 결국 사람이라는 동물은 기초대사량으로 보았을 때 '쥐-코끼리 곡선'에 따르는 '표준적'인 정온동물인 셈이다.

1985년의 일본 농림수산성 '식료품 수급표'를 살펴보면, 국민 1인당 공급되는 영양량은 127와트이다. 이에 따르면 기초대사량의 1.87배의 식료품이 소비되고 있다는 계산이 나온다. 이 통계에서는 갓난아기도 한 사람으로 계산하고 있기 때문에, 일본인은 대체로 기초대사량의 2배에 해당하는 식료품을 소비하고 있다고 해도 좋다. 식료품의 소비량에 관련해서 사람은 다른 동물과 크게 다를 바가 없다.

다른 통계를 보자. 1986년, 일본의 석유나 석탄과 같은 1차 에너지 수요는 5,129억 와트였다. 이것을 1억 2천만 인구로 나누어 국민 1인당 에너지 소비량을 계산하면 4,274와트가 나온다. 기초대사량의 63배나 되는 에너지를 소비하고 있는 것이다. 단세포생물에서 다세포생물로, 변온동물에서 정온동물로 진화상의 커다란 변화가 일어날 때, 에너지 소비량이 10배씩 증가했다는 것은 이미 이야기했다. 이런 커다란 도약은 생명체의 질적인 변화와 더불어 일어났을 거라고 했는데, 일본인의 에너지 소비량이 다른 정온동물보다 월등하게 커졌다는 사실은, 현대인이 다른 동물과는 질적으로 다른 생물이 되었음을 뜻하는 것은 아닐까?

일본인의 1차 에너지 소비량이 4,274와트이니, 여기에 식료품 소비량 127와트를 더한 약 4,400와트가 일본인의 평균적인 에너지 소비량이다. 기초대사량은 평균치의 반으로 어림잡아도 되므로 2,200와트가 현대 일본인의 기초대사량이라고 할 수 있다. 게다가 2,200와트의 기초대사량을 가진 동물을 쥐-코끼리 곡선에 적용해 체중을 구해보면, 체중이 4.3톤, 즉 코끼리 크기가 된다. 에너지 소비 측면에서 보면 현대인은 코끼리처럼 거대한 동물이 되어버렸다.

**4**

# 식사량,
# 서식 밀도,
# 행동권

## 몸집이 크면 많이 먹는가?

동물이 얼마만큼의 먹이를 먹는지 알아보자. 먹이의 종류도 천차만별이어서 먹이가 영양물 덩어리인 것이 있는가 하면, 수분이 대부분이거나 거의 광물질만 들어 있는 것도 있다. 영양가가 적은 것을 먹이로 하는 동물은 그만큼 먹는 양이 많아지므로, 공정한 비교를 위해서는 먹이에 포함되어 있는 에너지량으로 섭식량을 나타내는 것이 좋을 것이다. 이 방식을 써서 크기와 식사량의 관계를 살펴보자. 앞장에서는 동물이 얼마만큼의 에너지를 사용하는지 살펴보았다. 동물의 몸 안에는 적어도 그 이상의 에너지가 음식물의 형태로 들어와야 한다.

그림 4-1은 동물의 섭식량을 세로축으로, 체중을 가로축으로 하여 대수 눈금으로 그래프를 그린 것이다. 섭식량은 단위시간당 섭취하는 에너지량을 나타내는 섭식률로 표시했다(단위는 와트). 정온동물의 섭식량은 대체로 일직선상에 놓여 있고, 변온동물의 섭식량도 역시 별도의 직선 근처에 모여 있다. 이들 직선의 방정식을 지수 형태로 그림 안에 써놓았다. 직선의 식들을 보면, 먹는 양(섭식률 I)은 체중(W)의 0.7~0.8제곱에 비례하고 있

다. 이것도 기초대사량과 마찬가지로. 대체로 체중의 4분의 3제곱에 비례한다는 결과를 보여주고 있다. 에너지 소비량이 그랬기 때문에 당연하다면 당연한 결과이다.

섭식률을 가지고 동물이 기초대사량의 몇 배의 에너지를 섭

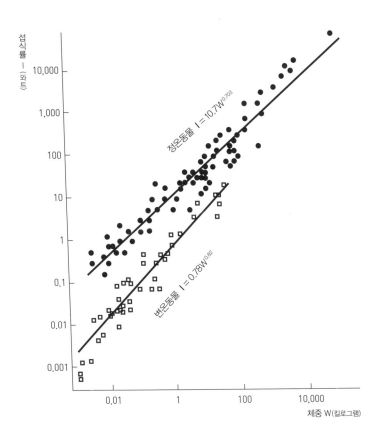

**그림 4-1** 체중과 먹는 양(섭식률 I)의 관계. 변온동물은 육지에 사는 네발 척추동물의 것이다. (Farlow, 1976)

취하는지 계산해보자. 그림 4-1의 섭식률 식을 표 3-2의 기초대사량 식으로 나누면, 정온동물에서는 기초대사량의 약 2.6배, 변온동물에서는 5.6배의 에너지를 섭취하는 것으로 나타난다. 어림잡아서 척추동물은 기초대사량의 2~6배의 먹이를 섭취한다고 말할 수 있다.

동물들의 섭식량은 체중의 0.7~0.8제곱에 비례한다. 섭식량은 체중이 늘어나는 정도만큼 늘어나지는 않는다. 예전에 쥐를 길러본 일이 있는데, 몸집은 작은 것이 먹기는 잘도 먹었다. 200그램 정도의 쥐였는데, 나흘이면 자기 체중과 같은 양의 먹이를 먹어치웠다.

축산 핸드북에 따르면 소의 경우 체중 450킬로그램인 수컷 육우에게 주는 사료가 하루에 12.3킬로그램이다. 이 소가 자기 체중과 같은 양의 사료를 먹는 데 한 달 남짓 걸린다는 계산이 나온다.

## 먹는 자의 크기, 먹히는 자의 크기

이솝 우화에서는 사자가 쥐를 잡아먹으려 하는 장면이 나온다. 이것은 현실 세계에서는 좀처럼 일어나기 어려운 일이다. 큰 동물은 자기에게 맞는 크기의 먹이를 잡아먹는 법이다.

육지에 사는 척추동물에 한해 포식자인 육식동물의 체중과 그 먹이가 되는 동물의 체중에 어떤 관계가 있는지 조사해본 사람이 있다. 그림 4-2를 보면, 큰 동물은 역시 큰 먹이를 먹는다. 왜 그럴까? 작은 동물이 큰 먹잇감을 잡아먹지 못하는 것은 당연하겠지만, 큰 동물은 작은 먹잇감을 닥치는 대로 얼마든지 잡아먹을 수 있을 것 같은데, 왜 그렇게 하지 않을까?

이것은 먹잇감을 찾아내는 데 드는 에너지와 그로부터 얻을 수 있는 대가 사이의 균형 문제이다. 육상의 포식자는 먹잇감을 한 마리 한 마리 찾아내 잡아먹는다. 이런 사냥 방식은 작은 먹잇감 한 마리 잡는 데에도 그 나름의 수고가 든다. 그런데 작은 것을 한 마리 먹어보았자 적은 에너지밖에 얻지 못하므로, 당연히 한 마리로도 자기 몸을 부양해줄 만한 크기의 먹이를 선택하게 될 것이다. 바다 포식자의 경우는 사정이 조금 다르다. 거대한 고래는 격에 어울리지도 않게 작은 플랑크톤을 잡아먹는데, 입을 벌린 채 헤엄치기만 해도 엄청난 양의 플랑크톤을 손쉽게 먹을 수 있기 때문에 그런 섭식 방법이 가능하다. 육상에서는 좀처럼 그렇게 할 수가 없다.

그림 4-2는 비교적 큰 먹잇감을 잡아먹는 집단(포유류나 독수리, 매 같은 조류)과 작은 먹잇감을 먹는 집단(양서류나 파충류 그리고 새들 중에서 곤충이나 물고기를 잡아먹는 것들)으로 나누어 그들의 먹잇감의 체중을 나타낸 것이다. 점들이 꽤 흩어져 있기는 하지만, 각 집단별로 회귀직선을 그릴 수는 있다. 이 직선의 방정식, 즉 포식 동물의 체중과 먹잇감의 체중 사이의 관계식을 구하여 그

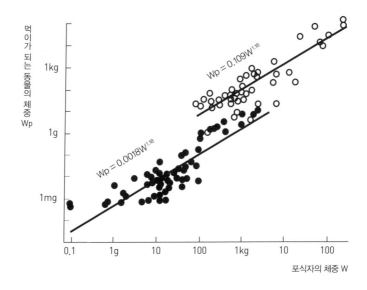

**그림 4-2** 포식자인 육식동물은 어느 정도 크기의 동물을 먹이로 하는가? 가로축에는 포식자의 체중 W, 세로축에는 그 먹이가 되는 동물의 체중 Wp를 각각 나타냈다. 흰 동그라미는 큰 먹잇감을 먹는 포식자, 검은 동그라미는 작은 먹잇감을 먹는 포식자의 그래프이다. (Peters, 1983)

림에 표시해놓았다.

그림에서 먹이의 크기는 대체로 포식자의 크기에 비례하는 것으로 나타나는데, 이 관계식으로부터 큰 먹이를 잡아먹는 동물은 자기 체중의 약 10분의 1 크기의 먹잇감을 잡아먹고, 작은 먹이를 잡아먹는 동물은 자기 체중의 500분의 1 크기의 먹잇감을 잡아먹는다는 사실을 알 수 있다.

먹이를 작은 먹잇감과 큰 먹잇감으로 나누는 것은 포식자가 이 두 가지 먹잇감을 먹는 방식이 다르기 때문이다. 작은 먹잇감을 잡아먹는 포식자는 먹잇감을 통째로 삼킨다. 반면에 큰 먹잇감을 잡아먹는 포식자는 잡은 먹이를 찢어서 먹는다. 먹이를 통째로 먹으려면 아무래도 자기 크기의 500분의 1 정도로 작아야 한다. 이와 달리 찢어서 먹는 경우는 먹잇감이 아무리 크더라도 상관없을 것 같지만, 실제로는 자기보다 상당히 작은 먹잇감을 잡아먹고 있다. 포식자는 먹이를 먹기에 앞서 일단 먹잇감을 공격하여 쓰러뜨려야 하기 때문에, 비록 이빨과 발톱이 날카롭다고는 하지만 역시 커다란 먹잇감을 다루는 데는 한계가 있기 마련이다. 아프리카의 사바나에서 관찰한 결과에 따르면, 초식동물이 자기보다 세 배 이상 큰 경우에는 아무리 사자라도 이빨을 들이댈 수가 없다.

어쨌든 먹잇감의 크기는 거의 체중에 정비례하여 커진다. 그런데 하루 평균 섭식량은 대체로 체중의 4분의 3제곱에 비례한다. 하루 평균 섭식량은 체중이 증가하는 것만큼 증가하지 않는다는 얘기다. 이런 사실에서 큰 육식동물일수록 한꺼번에 큰 먹잇감을 먹어치운 다음, 그 뒤로는 한참 동안 아무것도 먹지 않고 지내는 것이 아닐까, 즉 식사 간격이 긴 것이 아닐까 예상할 수 있다.

어떤 동물이 하루에 몇 마리의 먹잇감을 사냥하는가(살생률)는 섭식률과 먹잇감의 크기로 계산할 수 있다. 체중과 살생률(K)의 관계는 다음과 같이 나타낸다.

$$K = 3.0W^{-0.47} \text{(큰 먹잇감을 잡아먹는 정온동물)}$$

$$K = 137W^{-0.49} \text{(작은 먹잇감을 잡아먹는 정온동물)}$$

양쪽 다 대체로 체중의 2분의 1제곱에 반비례하고 있어서 살생률은 동물의 크기에 따라 급격하게 감소한다. 또한 두 식의 비례상수를 비교해보면, 작은 먹잇감을 통째로 삼키는 동물은 큰 동물을 잡아먹는 같은 크기의 동물에 비해 40배나 많은 수의 동물을 잡아먹는 것을 알 수 있다. 따라서 몸집이 작고 먹잇감을 통째로 삼키는 동물은 끊임없이 사냥해야 한다.

구체적인 사례를 보자. 아메리카솔새라는 새가 있다. 체중 10그램 정도의 작고 아름다운 이 새는 나무 사이를 돌아다니면서 쉬지 않고 벌레를 잡아먹는다. 이만한 크기의 새가 얼마나 자주 먹는지 세어보면, 하루에 1,300마리나 된다. 새의 하루 활동 시간을 12시간으로 잡고 계산을 해보면, 30초에 한 마리씩 벌레를 잡아먹는다는 얘기가 된다. 반면에 체중이 약 100킬로그램인 재규어 정도의 동물은 사흘에 한 번 사냥을 한다.

사자나 호랑이처럼 체중이 약 200킬로그램이나 되는 큰 육식동물은 먹잇감이 크기 때문에 그 한 마리로 하루의 영양 요구량을 채울 수 있을 뿐 아니라 오히려 상당량이 남는다. 남은 것까지 한꺼번에 뱃속에 넣어둘 수는 없기 때문에, 먹고 남은 것을 노리고 있던 큰 독수리나 하이에나에게도 차례가 간다. 이 경우 모처럼 얻은 먹이가 일부는 소용없게 되는데, 이런 상황을 피하기 위해 사자 같은 동물은 집단 사냥을 하여 잡은 것을 나누어 먹는 사회적 행동을 보인다. 사회 행동의 진화와 동물의 크기 사이에 밀접한 관계가 있다는 것은 뒤에 나올 '행동권의 넓이'에서 좀더 자세하게 언급할 것이다.


## 쇠고기를 먹는 것은 엄청난 낭비다 — 생장 효율의 문제

먹은 음식물 중에서 소화, 흡수할 수 있는 것은 몸에 흡수되고, 그렇지 않은 것은 몸 밖으로 배출된다. 동화된 에너지라고도 하는 흡수한 에너지(음식물에 들어 있는 탄수화물, 지방, 단백질 등의 영양소 물질들은 몸에 흡수되어 몸의 구성 물질이 될 수도 있고 에너지원이 될 수도 있으므로 몸에 흡수된 물질들을 '에너지 물질' 또는 줄여서 '에너지'라고 표현하기도 한다—옮긴이) 중 일부는 생명을 유지하는 데 쓰이는데, 이는 호흡으로 산화되어 없어져버리는 부분이다. 나머지 에너지는 신체 조직으로 전환되어 남는다. 이처럼 신체 조직으로 변하여 남은 만큼이 생장량이다. 생장량에는 자기의 새끼를 만드는 데 따른 조직량의 증가도 포함되므로 일단 생식도 생장의 일부로 보기로 하자.

동물이 먹은 에너지의 얼마만큼이 생장에 쓰일까? 동물을 조직 생산 기계로 간주할 경우, 투입한 에너지 중에서 될 수 있는 한 많은 부분이 조직 형성에 쓰여서 지속적으로 생장이 일어난다면 효율이 좋은 기계일 것이다.

표 4-1은 동물들이 얼마만큼의 에너지를 먹는지(섭식량), 그에 따라 신체 조직이 얼마만큼 증가하는지(생장량), 그리고 평균적으로 얼마만큼의 에너지가 호흡으로 산화되어 없어지는지(호흡량)를 체중과의 관계식으로 나타낸 것이다. 표의 수치는 모두 단위시간(1초)당 에너지량으로 환산한 값이다. 정온동물과 변온동물 모두 대체로 체중의 4분의 3제곱에 비례함을 알 수 있다.

| | 정온동물 | 변온동물 |
|---|---|---|
| 섭식량 | $10.7W^{0.70}$ | $0.78W^{0.82}$ |
| 생장량 | $0.20W^{0.73}$ | $0.16W^{0.70}$ |
| 호흡량 | $8.2W^{0.75}$ | $0.38W^{0.76}$ |

**표 4-1** 섭식량, 생장량, 호흡량과 체중의 관계식(단위는 와트, 체중 W의 단위는 킬로그램)

이번에는 이야기가 간단해진다. 즉 섭식량, 생장량, 호흡량이 모두 거의 같은 형태로 체중에 비례하므로, 생장량과 호흡량을 각각 섭식량으로 나누어 먹은 것 중 몇 퍼센트가 생장과 호흡에 쓰였는지를 계산하면, 둘 다 체중과는 관계없는 일정한 값이 나온다.

$\frac{생장량}{섭식량}$은 먹은 것 중 얼마만큼이 조직으로 변하여 생장이 이루어졌는지를 나타내고, $\frac{호흡량}{섭식량}$은 먹은 것 중 얼마만큼이 몸을 유지하는 데 쓰였는지를 나타낸다. 먹은 것 중 생장과 호흡에

쓰인 나머지는 흡수되지 않고 배설물로 배출되는 부분이다. 표 4-2를 살펴보면, 정온동물의 경우 먹은 것의 겨우 2퍼센트만이 신체 조직으로 변하고, 77퍼센트가 호흡에 쓰이며, 나머지 21퍼센트는 배설물로 버려지고 있다.

| | 정온동물 | 변온동물 |
|---|---|---|
| 생장 | 2 | 21 |
| 호흡 | 77 | 49 |
| 배설물 | 21 | 30 |

**표 4-2** 섭식한 에너지 가운데 몇 퍼센트가 생장에 쓰이고, 몇 퍼센트가 호흡으로 없어지며, 몇 퍼센트가 배설물로 버려지는가?

 

배설물로 버려지는 부분을 빼고, 전체 동화된 에너지 중에서 얼마가 생장에 쓰이고, 얼마가 몸의 유지에 쓰이는지 다시 계산해보면, 생장에는 겨우 2.5퍼센트밖에 쓰이지 않고, 나머지 97.5퍼센트가 유지하는 데 쓰임을 알 수 있다.

반면에 변온동물은 $\dfrac{생장량}{섭식량}$이 21퍼센트여서, 동화된 에너지만을 기준으로 다시 계산하면, 전체의 30퍼센트가 생장에 쓰이고 있다. 정온동물의 10배가 넘는 조직을 생산하고 있는 것이다.

동물을 조직 생산 기계로 본다면 정온동물은 효율이 몹시 나쁜 셈이다. 동화된 에너지의 대부분을 태워 없애버리고, 나중에는 거의 아무것도 남기지 않는 것이 정온동물이다.

막스 클라이버는 대사량이 체중의 4분의 3제곱에 비례한다는 사실을 밝혀냈는데, 다음과 같이 계산했다. 여기 10톤의 풀이 있다고 하자. 이것을 체중 500킬로그램의 황소 두 마리에게 먹이건, 체중 2킬로그램의 토끼 500마리에게 먹이건 결과는 같다. 총 체중이 1톤인 정온동물이 먹으면, 크기에 관계 없이 0.2톤의 고기가 새로 생기고, 6톤의 똥더미도 함께 생긴다. 다만 앞에서도 보았듯이 먹는 시간은 크기에 따라 달라진다. 토끼들은 석 달이면 풀을 다 먹어치울 수 있고, 소는 14개월이 걸린다. 시간은 모두 체중의 4분의 1제곱에 비례하여 길어지기 때문이다.

그런데 이번에는 같은 양의 풀을 메뚜기들에게 먹였다고 하자. 체중 1그램인 메뚜기 100만 마리, 즉 총 체중 1톤인 메뚜기들에게 먹이면, 9개월 뒤 풀더미가 없어졌을 때에는 200만 마리(2톤)의 새로 태어난 메뚜기와 6톤의 똥이 남아 있을 것이다.

그러므로 빨리 고기를 만들어내고 싶으면 작은 동물을 기르는 게 좋다. 적은 양의 먹이로 많은 양의 고기를 만들어내고 싶으면 변온동물을 기르는 것이 좋다. 그렇게 하면 정온동물로 할 때보다 10배나 많은 고기를 얻을 수 있다. 소를 길러서 쇠고기를 먹는 것은 시간상으로 보나 에너지상으로 보나 엄청난 낭비이다.

# 동물의 서식 밀도

몸집이 작은 물고기는 떼 지어 몰려다니고, 개미는 개미굴에서 꾸역꾸역 기어나온다. 반면에 몸집이 큰 동물은 드문드문 떨어져서 산다. 작은 동물은 개체수가 많고, 큰 동물은 적은 듯하다. 동물의 '인구밀도'(동물의 경우 개체군 밀도 또는 서식 밀도라 한다)와 체중의 관계를 조사해보면, 밀도는 체중에 대체로 반비례하는 것을 알 수 있다. 표 4-3은 체중과 서식 밀도의 관계식을 정리해놓은 것이다. 표에서 맨 위에 있는 식에 $W=1$과 0.001을 각각 대입해보면, 체중 1킬로그램인 동물은 1제곱킬로미터 안에 32마리밖에 서식하지 않지만, 1그램인 동물은 28,000마리나 산다는 계산이 나온다. 이 식은 동물들 전체에 대한 평균식인데, 개별 집단에 대한 자료도 있다. 동물의 서식 밀도가 체중의 몇 제곱에 비례하는지는 동물 집단에 따라, 또는 연구자에 따라 상당한 차이가 있으나 대체로 체중의 -0.5~-1제곱 정도여서 결국 체중이 증가하면 서식 밀도는 낮아진다. 표 4-3에서 온대 지방의 포유류를 초식동물과 육식동물로 나누어 정리한 식을 비교해보면, 초식동물은 육식동물보다 개체수가 훨씬 많다. 체중 1킬로그램인 동물을 비교해보면, 초식동물은 1제곱킬로미터 안에 214마리, 육식동물은 13마리여서 초식동물이 16배나 많다.

큰 먹잇감을 잡아먹는 포식자는 자기 체중의 10분의 1 크기인 동물을 먹이로 한다고 했으므로, 서로 대응하는 크기끼리 비교해보면, 같은 면적 안에 사는 초식동물의 수는 그것을 먹이로 하는 육식동물보다 67배나 많다. 잡아먹히는 자가 잡아먹는 자보다 많은 것은 당연하다.

서식 밀도는 온대 지방이냐 열대 지방이냐에 따라서도 달라지며, 열대 지방의 서식 밀도가 더 낮다. 열대 지방에 동물이 더 많을 것 같으나, 사실은 같은 종류끼리는 많지가 않고 다양한 종의 동물이 우글거리는 것이다.

그럼 얼마나 다른 종류의 동물이 살고 있는지 살펴보자. 이것도 크기와 관계가 있어서 몸집이 큰 동물은 종류가 적다. 이에 관해 조사된 자료는 별로 없지만, 체중 10~100그램 사이의 동물이 몇 종류나 되는지, 100그램~1킬로그램 사이는 몇 종류나 되는지, 이런 식으로 10배 단위로 종 수를 조사하여 체중과의 관계식을 구해보면 체중의 −0.2제곱에 비례한다는 연구보고가 있다.

| | 서식 밀도(마리/㎢) | 행동권(㎢) |
|---|---|---|
| 모든 동물 | $32W^{-0.98}$ | |
| 포유류 | $55W^{-0.90}$ | $0.154W^{1.06}$ |
| 초식 포유류 | $214W^{-0.61}$ | $0.032W^{1.00}$ |
| 육식 포유류 | $13W^{-0.94}$ | $1.39W^{1.37}$ |

서식 밀도 × 행동권 = 행동권 안에 있는 같은 동물 무리의 수(마리)
$214W^{-0.61} \times 0.032W^{1.00} = 6.85W^{0.39}$ (초식 포유류)
$55W^{-0.90} \times 0.154W^{1.06} = 8.47W^{0.16}$ (포유류)

**표 4-3** 서식 밀도와 행동권의 크기(체중 W는 킬로그램)

무엇을 먹는가에 관계없이 포유류 337종으로 구한 밀도와 체중의 관계식이 표 4-3의 두 번째 식이다. 이 식에 W=60킬로그램을 대입하여 사람 크기 정도 동물의 서식 밀도를 계산해보면 1제곱킬로미터당 1.4마리가 사는 것으로 나온다. 1985년 당시 일본의 인구밀도는 1제곱킬로미터당 320명이므로 몸 크기로 예측한 밀도의 약 230배나 되는 밀도로 북적대며 살고 있는 셈이다. 세계 전체의 인구밀도는 1제곱킬로미터당 36명이므로 일반 포유류에 비해 26배의 밀도임을 알 수 있다. 서식 밀도 식을 거꾸로 적용하여 일본의 인구밀도와 같은 서식 밀도를 갖는 동물의 체중을 계산해보면, 겨우 140그램밖에 안 된다.

언젠가 일본의 주거를 가리켜 토끼집이라고 혹평한 외국인이 있었다. 기분 나쁘게 하는 방법도 참 여러 가지라고 생각했는데, 이렇게 계산해놓고 보면, 그 정도는 양반이라고 해야 할 것 같다. 지금 일본인의 주거는 토끼집이 아니라 쥐 집이라고 해야 할 형편이니까.

## 행동권의 넓이

보통 정주성 동물이 행동하는 범위를 행동권이라고 한다. 큰 동물일수록 행동권이 넓은데, 그 넓이는 대체로 체중에 비례한다 (표 4-3). 행동권의 넓이는 무엇을 먹는가에 따라서도 크게 달라진다. 육식동물의 행동권은 초식동물의 10배 이상이다.

여기서 서식 밀도에 관한 식을 알고 있으므로 행동권의 면적에 서식 밀도를 곱해주면 행동권 내에 같은 종류의 동물이 몇 마리나 살고 있는지 계산할 수 있다. 초식 포유류에 관해 만든 식을 표 4-3의 아래쪽에 실어두었다. 이 식으로 계산해보자. 체중이 1킬로그램이면 자기 행동권 내에는 일곱 마리의 같은 동물이 살고 있는 게 된다. 이 숫자는 체중의 0.39제곱에 비례하여 증가하므로 체중 100킬로그램인 동물인 경우, 41마리의 같은 동물이 행동권 내에 있게 되고, 반대로 10그램인 경우 행동권 내에 자기밖에 없게 된다.

몸집이 큰 동물은 행동권 안에서 언제든 같은 무리와 얼굴을 맞댈 기회가 생긴다. 그런데 만날 때마다 싸운다면 에너지 면에서 서로 불리하다. 싸우기보다는 무리를 이루어 함께 망을 보거나 새끼들을 돌본다면, 그만큼 살아남는 데 유리하다. 포유류에서는 큰 동물일수록 사회적 행동이 발달하는 경향이 있는데, 거기에는 여럿이 행동권을 공유하면서 살아간다는 큰 원리가 작용하고 있다. 큰 동물일수록 오래 살기 때문에 어떻게 행동하는 것이 좋은가를 연장자로부터 배울 기회도 그만큼 많을 것이다. 이런 점도 사회성 발달의 이유가 될 것이다.

식성의 차이에 관계없이, 포유류 53종으로 구한 행동권의 크기 식을 표 4-3에 실어두었다. 지금까지의 예에 따라 이 식으로부터 사람 크기 동물의 행동권 규모를 계산하여, 실제와 비교해보자. W=60킬로그램을 대입하면 행동권의 규모는 12제곱킬로미터가 된다. 즉 반지름 2킬로미터인 원의 넓이에 해당한다. 2킬로미터 정도면 걸어서 30분쯤 걸리므로 이 정도면 차를 타지 않고 기분 좋게 걸어서 출퇴근할 만한 거리이다. 건강상으로도 적당한 거리다. 그런데 일본의 다카와立川에서 중앙선 고속전철로 시내까지 출퇴근한다면, 통근 거리는 37.5킬로미터가 된다. 통근 거리를 행동권의 반지름이라고 보면, 일본 샐러리맨의 행동권은 4,418제곱킬로미터가 된다. 이는 식에서 구한 사람 크기 동물의 행동권의 370배나 되는 넓이이다. 거꾸로 이 정도 넓이의 행동권을 갖는 동물의 체중을 구해보면 2.9톤이라는 값이 나온다.

내친 김에 사람 크기의 동물이 자기의 행동권 안에 몇 마리의 같은 동물과 사는지도 계산해보자. 표 4-3의 가장 아래 식에 W=60킬로그램을 대입하면 16.3마리라는 값이 나온다.

행동권의 크기를 결정하는 요인은 무엇일까? 그것은 뭐니 뭐니 해도 먹이다. 동물은 먹이를 찾아 나서면, 보통 배를 잔뜩 채워 돌아온다. 하루에 먹는 양(이것은 체중의 함수이다)을 위胃의 크기(이것도 체중의 함수)로 나누면, 동물이 하루에 몇 번이나 먹이를 찾으러 나가는지 알 수 있다. 행동권을 한바탕 돌아다니는 거리도 체중의 함수로 나타낼 수 있으므로, 이 거리에 먹이를 구하러 나가는 횟수를 곱했을 때 구해지는 거리가 실제 동물이 하루에 걸어다니는 총 거리다(이것도 체중의 함수로 나타낼 수 있다). 즉 포유류는 평소 먹이를 구하기 위한 행동 이외에는 쓸데없이 배회하지 않으며, 행동권의 넓이는 한 번 사냥을 나가서 배를 가득 채울 수 있는 먹잇감을 잡을 수 있는 크기로 설정된다.

행동권의 넓이에 관해서는 조사 대상 동물에게 발신기를 부착하여 측정한 자료들이 꽤 있다. 위의 크기는 해부를 해보면 알 수 있다. 동물이 하루에 얼마만큼 먹는가도 야생동물에 관한 자료는 그리 많지 않지만, 사육동물에 관해서는 자료가 수집되어 있다. 하지만 보금자리에서 나오는 동물에게 식사를 하러 가는지 아니면 다른 볼 일을 보러 가는지 물어볼 수도 없는 노릇이다. 이럴 때 동물에 관한 여러 사항을 크기의 함수로 하여, 체중의 지수식으로 만들어두면, 직접 측정할 수 없는 사항이라도 측정 가능한 것들을 결합시켜서 추측할 수 있다.

몸 전체의 크기가 변하면, 기능이나 각 부분의 크기는 어떻게 달라질까? 이러한 변화를 기술할 때, 부분을 전체 크기의 지수함수에 가깝게 나타내는 방법을 알로메트리allometry라고 하고 그렇게 나타낸 식을 알로메트리 식이라고 한다.

이 책에서는 대사량이나 생장량 등을 모두 체중의 몇 제곱 형태로 나타냈는데, 그것이 알로메트리 식의 대표적인 예이다. 알로메트리 식을 조합하면, 지금까지는 깨닫지 못한 관계를 알 수 있다. 또 직접 측정할 수 없는 관계도 도출해낼 수 있다.

일생 동안 심장이 몇 번이나 뛰는가 하는 문제는 어느 누구도 붙어 앉아서 측정하려 하지 않을 것이다. 코끼리의 평생 심장 박동수를 측정하려고 했다기는 이쪽이 먼저 지고 말 것이다. 앞에서 이미 수명의 알로메트리 식과 심장 박동 주기의 알로메트리 식을 조합하면, 일생 동안 심장 박동수의 알로메트리 식이 도출되어, 심장 박동수를 체중과 관계없이 알아낼 수 있음을 보았다. 1장에서 살펴본 '심장 박동수 일정의 법칙'이 그것이다. 알로메트리는 이처럼 매우 편리하고 예측력 있는 도구이다.

# 5

# 달리기,
# 날기,
# 헤엄치기

## 크기와 속도

동물이 동물인 첫째 이유는 그것이 움직인다는 데 있다. 동물이 달리고 날고 헤엄치는 것과 크기는 어떤 관계가 있을까?

직관적으로 알 수 있는 것은 큰 동물일수록 빠르다는 것이다. 일반적으로 개미보다는 쥐가, 쥐보다는 고양이가, 고양이보다는 개가 빨리 달린다. 지상에서 달리는 동물들의 최고 기록을 살펴보면, 몸집이 클수록 빠르다. 날짐승이나 헤엄치는 것들도 마찬가지다. 빠르다는 것은 먹이를 잡는 데나 포식자로부터 도망치는 데에 유리하므로, 그것은 큰 동물의 이점이다.

물론 크기가 커진다고 무한히 빨라지는 것은 아니다. 흔히 지상에서 가장 빠르다는 치타의 최고 속도는 시속 110킬로미터다. 치타의 체중은 55킬로그램 정도인데, 사실 체중이 그 이상으로 늘어나면 달리는 속도는 거의 늘어나지 않는다. 체중이 100킬로그램을 넘으면 달리는 속도가 오히려 줄어든다. 크기의 상한선에 가까운 곳에서 속도가 감소하는 현상은 수중동물에서도 똑같이 나타난다. 다랑어(80킬로그램)는 시속 100킬로미터를 자랑하는 데 비해 고래는 그보다 상당히 느리다. 코끼리나 고래 정도의 크기가 되면, 포식자에게 습격받을 염려가 없어 느긋하게 풀을 뜯거나 크릴새우를 삼켜도 되기 때문일 것이다.

뛰거나 걷는 속도는 걸음걸이의 너비에 비례한다. 이것은 스스로 해보면 알 수 있다. 천천히 걸을 때보다 빨리 걸을 때의 보폭이 더 크고, 뛰면 더욱 커진다. 이것은 네발짐승에게도 마찬가지여서 보폭에 비례하여 속도가 빨라진다.

보폭은 당연히 다리의 길이에도 비례하는 까닭에 큰 동물일수록 빨리 달릴 수 있지만 여기에는 어떤 제약이 있다. 걸을 때와 달릴 때에는 보폭뿐 아니라 다리의 움직임 자체도 전혀 다르다. 가령, 말이 천천히 걷고 있을 때에는 반드시 두 개 이상의 다리가 땅에 붙어 있으나, 전속력으로 달리면 땅에 붙어 있는 다리의 수뿐 아니라 다리가 땅에 붙어 있는 시간도 줄어든다. 전속력으로 질주할 때 어떤 순간에는 몸 전체가 공중에 떠 있고, 다음 순간에는 다리 하나로 착지하는 그런 동작을 반복하기 때문에 몸집이 커지면 다리에 걸리는 충격이 엄청나서 다리가 몸을 지탱할 수 없게 된다. 그래서인지 코끼리같이 엄청나게 큰 동물은 전속력으로 달리는 일이 없다. 몸집이 크면 골격계에 무리한 힘이 실리기 쉽고, 그것이 제약이 되어 어떤 크기 이상이 되면 오히려 최고 속도가 떨어져버린다. 골격계의 강도와 몸의 크기에 관해서는 9장에서 좀더 살펴보기로 하자.

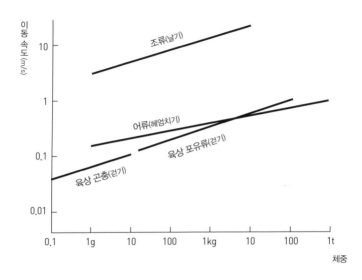

**그림 5-1** 체중과 이동 속도의 관계. 보통 때의 속도로 걷거나 날거나 헤엄치는 경우를 비교하였다. (Peters, 1983)

동물들은 평상시에는 최고 속도로 뛰거나 헤엄치지 않는다. 포유류가 보통으로 걷는 속도는 최고 속도의 3퍼센트 정도라고 한다. 동물들의 평상시 속도를 비교해보면, 역시 체중에 따라 속도가 증가한다(그림 5-1). 큰 것일수록 넓은 범위를 돌아다녀야 하기 때문에 이야기가 맞는다. 그림에서 흥미로운 사실은 걷는 포유류와 걷는 곤충의 이동 속도 직선이 거의 같은 직선상에 놓인다는 점이다. 물고기는 평상시 헤엄칠 때 이동 비용이 최소가 되는 속도로 헤엄치는 것으로 알려져 있다. 즉 같은 거리를 이동할 때 에너지가 가장 적게 드는 속도로 헤엄친다. 이 속도는 육상에서 걷는 동물이라 해서 크게 다를 바 없다. 뭐니 뭐니 해도 빠른 것은 새들이다. 체중이 같은 것끼리 비교해보면, 나는 동물이 땅 위를 걷는 동물보다 40배나 빠르다.

## 달리는 데 드는 비용

걷는 것뿐 아니라 달리거나 나는 데 필요한 에너지도 크기와 관계가 있다. 몸집이 크다는 것은 그만큼 무겁다는 뜻이므로, 무거운 것을 운반하는 데는 당연히 많은 에너지가 들 것이다. 다만 이러한 이동에 드는 에너지가 체중에 단순하게 비례하지는 않는다.

동물들이 달릴 때 얼마만큼의 에너지를 사용하는가는 주로 테일러 그룹이 여러 종류의 포유류와 조류를 조사해놓았다. 동물의 얼굴에 코와 입을 완전히 가릴 수 있는 마스크를 덮어씌우고, 트레드밀tread mill 위를 열심히 달리게 한다. 트레드밀은 짧은 컨베이어벨트라고 생각하면 된다. 벨트를 돌리면 벨트에서 떨어지지 않기 위해 동물들은 벨트와 같은 속도로 열심히 달린다. 이때 산소를 얼마나 소비하는가를 마스크에 연결해놓은 분석 장치로 조사한다. 산소 1리터를 사용하면 20.1킬로줄(kJ)의 에너지를 소비한 것으로 보고, 에너지 소비량을 계산한다.

물론 동물들이 처음부터 기꺼이 트레드밀 위에서 달리려 하지는 않는다. 처음에는 모두 두려워서 달리려 하지 않으며, 조금 익숙해져서 달릴 수 있게 되어도 긴장 탓인지 이상할 정도로 높은 산소 소비량을 나타낸다. 완전히 익숙해지기까지는 수주 내지는 수개월이 걸린다.

훈련이 가능한 동물을 트레드밀에 태워 벨트의 속도를 변화시켜가면서 다양한 속도에서 에너지 소비량을 측정해보면, 에너지 소비량이 속도에 비례하여 직선으로 증가함을 알 수 있다. 이 직선의 기울기로부터 1킬로그램의 체중을 1미터 이동시키는 데 필요한 에너지, 즉 이동 비용을 계산할 수 있다. 크기와 이동 비용의 관계를 그래프로 나타내면 체중의 −0.3제곱에 비례하는

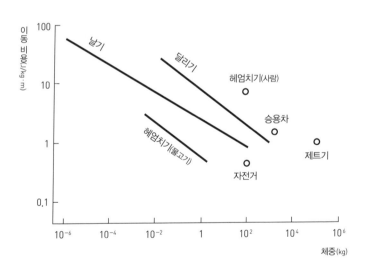

**그림 5-2** 이동 방법의 경제성 비교. 체중 1킬로그램이 이동하는 데 드는 최소 에너지와 체중의 관계를 그래프로 나타낸 것이다. (Vogel, 1988)

우하향 직선이 된다(그림 5-2). 즉 몸집이 큰 동물일수록 이동 비용이 덜 든다는 얘기다. 이 직선은 네 발로 뛰는 짐승이나 두 발로 뛰는 새와 짐승에게도 다 들어맞는다. 또 도마뱀이나 개미도 거의 이 직선에 놓인다.

도마뱀은 팔꿈치를 구부려 팔굽혀펴기 하는 자세로 달리고, 보통의 네발짐승은 팔꿈치를 펴고 달리기 때문에 달리는 방법이 상당히 다르다. 물론 두 발로 서서 달리는 경우와 네 발이나 여섯 발로 달리는 경우는 달리는 방법이 전혀 다르지만, 이동 비용에 관한 알로메트리 식은 동일하게 적용된다. 또 침팬지는 두 발로도 달리고 네 발로도 달리는데, 어느 방법을 쓰더라도 이동 비용에 차이가 없다는 보고도 있다. 달리는 방법이 달라도 달리기에 드는 비용이 같아지는 이유에 관해서는 여러 가지 주장이 있으나 아직 이렇다 할 정설은 없다.


## 나는 데 드는 비용, 헤엄치는 데 드는 비용

새가 날고 있을 때의 에너지 소비량은 듀크대학교의 밴스 터커 Vance Tucker와 슈미트-닐센 연구팀이 측정하고 있었는데, 나는 잠시 그들의 실험 장치 바로 곁에서 일을 했던 적이 있다.

듀크대학교에는 플로flow 빌딩이라는 건물이 있는데, 커다란 풍동(風洞, 공기의 흐름을 인공적으로 만들기 위한 터널형의 장치) 하나가

이 건물을 차지하고 있다. 풍동의 중앙부에는 유리로 된 실험 상자가 있고, 그 속에서 새가 날게 한다. 상자라지만 어른 한 사람이 넉넉히 들어갈 수 있는 크기이다. 거대한 선풍기가 굉장한 소리를 내며 회전하면서 실험 상자 속에 일정 속도의 바람을 불어넣는다. 이 바람을 거슬러 새가 난다. 날면서 같은 장소에 머물러 있으면, 그것은 풍속과 같은 속도로 날고 있는 셈이다. 새에게는 마스크를 씌워 그때의 산소 소비량을 잰다.

내가 있었을 때에는 "로키산맥에서 사는 매인데, 아직 길들여지지가 않았어요. 매일 10분 정도씩 날게 해서 길들이는 중입니다"라고 말하면서 터커의 제자 칼이 새에게 눈을 쪼이지 않으려고 보호안경을 쓰고 가죽장갑을 낀 모습으로 매를 손에 붙잡고 함께 실험 상자 안으로 들어가, 바람을 불어넣고 날려서 다행히 잘 날면 상으로 해동시킨 고기를 주고, 다시 날리면서 훈련시키고 있었다.

이런 방법으로 새가 나는 속도와 산소 소비량의 관계를 조사해보면, 달리는 경우와는 상당히 다르게 나타난다. 달릴 때에는 산소 소비량이 속도에 비례하여 직선적으로 증가하나, 날 때에는 아래로 볼록한 곡선을 나타내며, 어떤 속도에 이르면 산소 소비량이 최소가 된다. 그래프의 원점에서 이 곡선에 접선을 그으면, 이동 비용이 최소가 되는 속도를 구할 수 있다.

물고기의 경우에도 산소 소비량과 속도의 관계가 밝혀져 있는데, 속도가 증가함에 따라 산소 소비량이 급격하게 증가한다.

역시 이 경우에도 곡선을 연결해 이동 비용이 최소가 되는 속도를 구할 수 있다.

이와 같이 이동 비용(1킬로그램의 체중을 1미터 이동시키는 데 드는 에너지)을 구하고, 그것을 근거로 이동 비용과 체중의 알로메트리 식을 만들어, 세 가지 이동 방법을 비교한 것이 그림 5-2이다. 이런 그래프를 그려봄으로써 슈미트-닐센은 다음과 같은 사실을 알아냈다.

모든 이동 방법의 그래프는 오른쪽 아래로 향하는 직선을 나타낸다. 즉 몸집이 큰 동물일수록 이동 비용이 적게 든다. 놀라운 사실은 육상에서 뛰는 것보다 공중에서 나는 것이 비용이 적게 든다는 것이다. 나는 데에는 많은 에너지가 드는 게 틀림없지만, 나는 쪽이 훨씬 빠르기 때문에 일정 거리를 놓고 비교해보면, 훨씬 경제적이다. 철새가 먹지도 마시지도 않고 수천 킬로미터를 날 수 있는 비결은 이러한 경제성에 있다. 그림에서 새의 직선을 왼쪽으로 연장하면, 나는 곤충에 대한 조사 결과와 거의 일치한다.

헤엄치는 데 드는 비용은 날거나 달리는 것에 비해 훨씬 적게 나타난다. 물속에서는 부력으로 몸이 뜨기 때문에, 중력에 대항하는 일을 할 필요가 없는 까닭이다. 새들은 중력에 대항하여 자기의 체중을 끊임없이 공중에 머물러 있게 해야 한다. 마찬가지로 육상에서 달리는 동물도 이동할 때는 몸을 지면으로부터 높은 위치에 머물러 있게 해야 한다. 다리를 움직이는 것은 중력에 거슬러 들어올리는 운동이고, 또 달릴 때는 항상 무게중심이 상하로 움직여야 하기 때문에 모두 중력에 대항하는 운동이다. 중력에 관절들이 짓눌리기 때문에 관절이 움직일 때의 마찰에너지도 무시할 수 없는 요인일 것이다.

같은 헤엄치기라도 오리나 사람처럼 물 표면에서 헤엄치는 경우는 비용이 훨씬 많이 든다. 걷는 것보다 오히려 더 많이 든다. 물 표면에서 헤엄을 칠 때에는 파도를 일으키기 때문에 거기에 상당한 에너지가 소모된다. 잠수 수영법은 손쉽고 빠르게 헤엄칠 수 있다는 이유로 올림픽 경기에서 금지되어 있다.

이제 인간이 만든 이동 수단인 탈것들도 비교해보자. 그림 5-2에서 자동차나 제트 비행기는 동물의 직선 위쪽에 있다. 즉, 이동 비용이 동물보다 많이 든다. 같은 탈것 중에서도 자전거는 동물들이 달리는 것보다 싸게 먹힌다.

이번에는 다른 각도에서 이동 비용을 살펴보고자 한다. 체중 1킬로그램당 이동 비용은 몸집이 커질수록 줄어든다는 게 맞지만, 동물은 개체 단위로 움직이지 킬로그램 단위로 달리거나 날지는 않는다. 달리거나 난다는 것이 그 개체에게 에너지 소비 측면에서 얼마나 큰일인지, 그 정도가 체중에 따라 얼마나 달라지는지를 살펴보고자 한다. 이를 위해서는 동물 한 개체가 보통 속도로 이동할 때 사용하는 에너지를 그 동물이 움직이지 않을 때의 에너지 사용량(기초대사량)으로 나눈 값을 살펴볼 필요가 있다.

각 동물의 운동 방법에 대해 체중과 대사량의 알로메트리 식을 구한 다음, 그것을 기초대사량의 알로메트리 식으로 나누어 새로운 알로메트리 식을 만들어 그래프로 나타낸 것이 그림 5-3이다. 그래프를 살펴보면, 역시 나는 게 대단한 일임을 알 수 있다. 날 때는 날지 않을 때보다 4~10배의 에너지를 사용하고, 이것은 체중이 증가할수록 더 증가한다. 그래프에서는 날개 쳐서 날고 있는 경우를 나타내고 있는데, 솔개나 신천옹(앨버트로스) 같은 큰 새들은 날갯짓을 많이 하지 않고, 상승 기류를 이용하여 활공함으로써 에너지를 절약한다. 활공하고 있을 때의 에너지 소비량은 기초대사량의 2배밖에 들지 않는다.

땅위에서 달리는 동물의 경우, 달리는 동안의 대사량은 기초대사량의 2~3배가 된다. 이들의 경우도 곡선이 우상향이어서, 몸집이 커지면 배수가 증가한다. 사자를 필두로 큰 짐승들은 대개 게을러 보일 만큼 숲에서 뒹굴고 있는데, 그것은 몸집이 클수록 움직이는 것이 큰일이기 때문이다.

물고기는 몸의 크기에 관계없이 헤엄치는 동안에 기초대사량의 2배의 에너지를 사용한다.

놀라운 사실은 헤엄치는 포유류의 경우, 헤엄칠 때에도 에너지 소비량이 거의 증가하지 않는다는 점이다. 물론 약간은 증가하지만, 겨우 2퍼센트에 불과하다. 이것은 헤엄치는 것이 원래 에너지가 별로 들지 않는 이동 운동인 데다 포유류의 기초대사량이 어류에 비해 훨씬 큰 까닭에, 기초대사량에 비하면 헤엄치

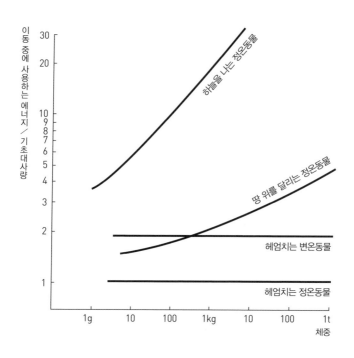

**그림 5-3** 이동 운동 중에는 기초대사량의 몇 배나 되는 에너지를 사용할까? (Peters, 1983)

는 데 드는 비용은 거의 문제가 안 될 정도로 작기 때문이다. 따라서 이들에게 헤엄을 치느냐 치지 않느냐는 에너지 소비 측면에서 별 관계없는 일이 된다.

강치나 돌고래 같은 헤엄치는 포유류의 수조를 들여다보고 있으면, 이놈들은 대체 무얼 하느라고 이렇게 물속을 이리저리 휘젓고 돌아다니고 있을까 하는 생각이 들 때가 있다. 이런 생각이 드는 것은 우리가 늘 어떤 목적을 가지고 몸을 움직여왔기 때문일 것이다. 상당히 큰 육상농물인 인간은 걷거나 달리려면 꽤 많은 에너지를 써야 하므로 아무 목적 없이 움직이지는 않는다.

운동에 아무런 비용도 들지 않는다면, 아무 목적 없이 이리저리 돌아다니는 일도 있을 수 있다. 욕심을 부리면 얼굴에 나타나는 법이다. 천진난만한 얼굴로 헤엄치는 돌고래를 보고 있으면, 왜 이들이 이렇게까지 사람들에게 편애의 대상이 되고 있는지 알 것도 같다.

**6**

# 왜
# 바퀴 달린
# 동물은
# 없는 걸까?

## 자동차 사회를 다시 생각한다

듀크대학교는 더럼Durham시에 자리잡고 있다. 담배 밭이 넓게 펼쳐진 노스캐롤라이나주의 한적한 도시이다. 숲속에 건물들이 점점이 들어서 있을 뿐이어서, 걸어서 다닐 만한 데는 없다. 물건을 사러 가거나 아이들을 학교에 데려다주려 해도 차가 없으면 아무것도 할 수 없는 곳이다.

자동차 의존도라면 일본이 미국에 비할 바가 못 되지만, 바퀴의 도움을 받고 있다는 점에서는 비슷하다. 일본인들은 매일 아침 자전거를 타고 역으로 나가서, 전철에 시달리며 서둘러 직장으로 출근한다. 바퀴가 없으면 현대인의 생활은 돌아가지를 않는다.

그런데 아무리 눈을 씻고 찾아도, 우리 주변에서 바퀴를 굴려 달리는 동물은 볼 수 없다. 육지에서 돌아다니는 동물은 둘이건 넷이건 여섯이건, 모두 삐죽 나온 다리를 앞뒤로 움직여 달린다. 하늘을 쳐다보면 프로펠러 비행기는 있어도 프로펠러를 단 새나 곤충은 없으며, 바닷속에도 스크루나 외륜선같이 회전하는 구동 장치를 갖춘 물고기는 없다.

생물의 세계에는 바퀴가 없다. 자세히 살펴보자. 우리 주위에 있는 도구는 모두 생물에서 유래한 것들이다. 하지만 바퀴만은 예외적으로 인류의 독자적인 위대한 발명품이라고 배워왔다.

그 후 자연계에도 바퀴가 있다는 사실이 알려졌다. 현미경으로도 좀처럼 보기 어려울 정도로 작은 박테리아가 털이 난 바퀴를 돌려서 헤엄치고 있었던 것이다.

그렇다고는 해도 우리가 육안으로 볼 수 있는 동물들 중에는 왜 바퀴를 사용하는 동물이 없을까? 바퀴처럼 편리한 도구를 사용하지 않는 데에는 나름대로 이유가 있을 것이다. 나의 친구 마이클 라바베라가 크기의 관점에서 이 문제를 논한 바 있다.

먼저 육상에서 움직이는 것부터 살펴보자. 자동차가 편리한 것이라는 사실에는 이론이 없겠지만 그것은 휘발유를 먹어야 하므로 일단 제쳐두고, 바퀴의 우수성을 실감할 수 있는 것은 역시 자전거다. 똑같이 자기 다리를 사용하는데 이렇게 빠르고 편하게 달릴 수 있다니! 사실 자전거는 인간이 사용하는 육상 이동 수단 중에서 에너지 효율이 가장 높은 도구다.(그림 5-2) 이 점에서는 자동차도 따르지 못한다.

바퀴가 애용되는 이유는 에너지 효율이 매우 좋기 때문이다. 다리를 앞뒤로 움직여 걷는 보행 방법은, 앞으로 내민 다리를 일단 멈추었다가 다시 뒤로 미는 식으로 다리를 미는 방향을 계속 바꾸어주어야 한다. 그럴 때 에너지가 소모된다. 또 다리를 들어올렸다 내렸다 하기 때문에 중력에 대해 별도로 일을 해주어야 한다. 그러나 회전 운동을 하면, 운동 방향이 일정하고 상하 운동도 없다. 전후, 상하로 진동하는 데 따르는 별도의 에너지가 들지 않는다. 따라서 힘들어 보이는 휠체어도 에너지 면에서는 걷는 것보다 훨씬 편하다.

다만 이것은 평탄하고 좋은 길을 가는 경우의 이야기이고, 조그마한 요철이라도 있으면 역시 휠체어가 힘들어질 게 틀림없다. 휠체어와 동급에서 논한다면 심히 미안한 일이 되겠지만, 유모차를 밀고 가는 경우도 상당히 힘들다. 포장된 도로에서 밀고 가는 경우에는 편안하지만, 계단을 오르내릴 때에는 들어서 옮겨야 하고, 자갈길이나 진흙탕 길에서는 거의 속수무책이다. 바퀴는 평탄하고 단단한 도로에서는 위력을 발휘하지만, 울퉁불퉁하거나 물렁물렁한 땅에서는 거의 소용이 없다.

그럼 요철이 어느 정도로 심하면 바퀴를 이용할 수 없는 상황이 될까? 이에 대해서는 휠체어에 관한 자료가 수집되어 있다. 바퀴 지름의 4분의 1 높이의 계단까지는 몸을 앞뒤로 움직여 휠체어의 중심을 이동시킴으로써 오르내릴 수가 있다고 한다. 그 이상 높이의 계단은 넘기가 상당히 어렵고, 바퀴 지름의 2분의 1 이상의 계단을 넘어가는 것은 원리상 불가능하다. 휠체어의 바퀴 지름은 61~66센티미터이므로 16센티미터의 요철이 휠체어의 사용 한계라 할 수 있다.

지면의 무른 정도에 따른 한계와 관련해서는, 푹신푹신한 융단 위에서 휠체어가 좀처럼 앞으로 나가질 못한다는 사실을 생각해볼 수 있다. 걸을 때 우리 발은 지면에 닿은 채 질질 끌리지 않는다. 움직이는 다리는 공중에 떠 있고, 지면에 닿은 다리는 그곳을 힘껏 디디고 있다. 그래서 지면과의 마찰이 커져도 걷는 효율은 그다지 떨어지지 않는다. 그런데 바퀴는 연속적으로 지면과의 마찰을 유지하면서 굴러 미끄러져 간다. 따라서 지면이 푹신푹신하거나 끈적끈적하면 회전에 대한 저항이 커져서 구르기가 어려워진다. 가령 진흙길은 콘크리트 도로에 비하여 회전 저항이 5~8배나 되고, 모래 위에서는 10~15배나 된다.

이제 자연으로 눈을 돌려보자. 돌멩이가 너절하게 깔리지 않고, 풀이 무성하여 푹신푹신하지 않고, 비가 와도 질척거리지 않는 그런 땅이 얼마나 있겠는가?

우리 눈에 자연은 나무랄 데 없이 평탄하게 보인다. 하지만 여기서 사람이 대단히 큰 생물이라는 점을 잊어서는 안 된다. 160센티미터의 높이에서 세계를 볼 수 있는 동물은 그렇게 많지 않다. 이러한 크기 덕에 지름 60센티미터 이상 되는 바퀴를 사용하고, 16센티미터의 요철도 문제없이 넘어갈 수 있는 것이다. 만일 쥐가 바퀴를 사용한다면 바퀴의 지름이 6센티미터 정도 될 것이고, 그 정도면 1.5센티미터의 자갈이나 마른 나뭇가지에도 고전을 면치 못할 것이다. 개미가 4밀리미터 크기의 바퀴를 사용한다면 1밀리미터의 모래알이나 낙엽 한 장에도 오도 가도 못하게 될 것이다.

지면의 요철을 조사한 결과에 따르면, 역시 큰 요철이 적고,

작은 요철이 많다. 따라서 우리 눈에는 평탄해 보이는 곳이라도 작은 요철이 많아서, 동물의 크기가 작을수록 지면은 기복이 심한 세계가 된다. 결국 바퀴는 점점 사용하기가 어렵게 된다.

몸집이 큰 동물들이라고 해서 바퀴를 사용하기가 좋은 것은 아니다. 자동차로 암벽 등반을 하기는 힘들다. 바퀴는 지면과의 마찰력이 없으면 움직일 수 없기 때문에 수직으로 선 벽을 오르는 것은 불가능하다. 손발로는 꼭 달라붙어서 오를 수가 있다. 바퀴는 점프도 불가능하다. 휠체어로는 폭 20센티미터의 도랑도 건널 수가 없다. 그런데 야생의 산양은 14미터의 계곡을 건너뛸 수 있다.

바퀴의 큰 결점은 그때그때 돌아서 갈 수가 없다는 점이다. 우선 방향을 바꾸기가 어렵다. 휠체어가 180도 회전하려면 사방 150센티미터의 공간이 필요하다. 또, 휠체어 2대가 비켜가기 위해서는 적어도 2대 너비의 도로가 필요하다. 사람이라면 몸을 옆으로 돌려도 되고, 부득이한 경우에는 껑충 뛰어도 되므로, 이때 필요한 도로는 차의 경우와는 전혀 다르다.

바퀴가 단지 빠르기만 했지 상황에 따라 그때그때 피해서 갈수가 없다면, 나무나 바위 같은 장애물이 많은 곳에서는 오도가도 못하게 된다. 바퀴를 단 동물이 있어서 두 마리가 좁은 산길에서 갑자기 마주친다면, 비켜갈 수도 없고 그렇다고 우회하여 돌아갈 수도 없으므로, 둘 다 진퇴양난에 빠지고 말 것이다.

이렇게 보면 바퀴라는 것은, 사람 같은 큰 동물이 산을 깎고 골짜기를 메워서 단단하고 평탄하게 쭉 뻗은 넓은 포장도로를 만들면서 비로소 사용하게 된 물건임을 알 수 있다.

포장도로를 널리 건설하여 마차가 달릴 수 있게 한 것은 로마인들이다. 그러나 로마제국이 무너지고, 포장도로의 유지·보수가 이루어지지 않게 된 이후로는 그 길을 낙타나 나귀가 등에 짐을 싣고 다니게 되었다. 덜컹거리는 길에서는 마차를 사용할 수 없었기 때문이다.

넓고 곧고 단단한 길, 계단이 없고 오솔길이 없는 넓은 거리, 차에 적합한 이러한 설계를 갖춘 도로는 전쟁 전에는 거의 찾아볼 수 없던 것들이다.

나는 오키나와에서 오래 살았는데, 이 작은 섬을 방문할 때마다 섬이 변해가는 것을 알 수 있었다. 하얀 산호 모래가 깔리고 후쿠기 나무가 시원한 그림자를 드리운 아름다운 길은 그저 넓기만 한 콘크리트 도로로 바뀌어 있었다. 낮 동안에는 녹슨 철판 위에 있는 것처럼 도저히 걸을 수 없었다. 왜 이렇게 해놓았느냐고 물으니, 좁은 섬에서 공공사업을 하려면 도로를 '잘 만드는 일'과 모래사장인 해변을 콘크리트로 굳혀서 '보호하는 일'밖엔 할 만한 일이 없다는 대답이 돌아왔다.

기술은 다음과 같은 세 가지 측면에서 평가되어야 한다. 사용자의 생활을 풍부하게 할 것, 사용자와 궁합이 잘 맞을 것, 사용자가 사는 환경과 궁합이 잘 맞을 것 등이다.

산업혁명 이후 기술은 우리의 생활을 풍부하게 했다. 엔진은 우리의 근육을 증강시켰고, 그 결과 우리는 손쉽게 커다란 힘을 낼 수 있게 되었다. 망원경이나 현미경은 시력을 증강시켜 먼 곳의 물체나 작은 물체를 볼 수 있게 해주었다. 컴퓨터는 뇌의 힘을 증강시켜 복잡한 계산을 빨리 해내거나 대량의 기억 정보를 신속하게 처리할 수 있게 되었다.

이들 기술이 우리의 생활을 풍부하게 해준 것은 사실이다. 그러나 사용자의 생활을 풍족하게 해주는가만을 가지고 기술을 평가하는 이제까지의 방법을 뜯어고쳐야 할 때가 온 것도 사실이다. 자동차는 이제까지의 평가 기준으로 보면 완성도가 상당히 높은 기술일지 모르나 인간과의 궁합, 환경과의 궁합을 고려하면 아직도 미숙한 기술이라 할 수 있다.

인간과의 궁합이라는 점에서 보면, 도구는 팔, 다리, 눈, 머리의 연장일 뿐 그 이상의 것은 아니다. 도구와 인간의 작동 원리가 같다면 서로 궁합이 맞는 것이다. 유감스럽게도 컴퓨터나 엔진은 뇌나 근육과는 전혀 다른 원리로 작동하고 있다. 따라서 조작이 어렵다. 자동차 학교에 가서 운전면허를 따야 하는 것 자체가 차가 아직 완성된 기술이 아니라는 증거인 셈이다.

환경과 차의 궁합은 지금까지 대기오염과 관련하여 문제가 된 적이 많았다. 자동차는 원래부터 환경을 전적으로 바꾸어놓지 않으면 움직일 수가 없는 물건이다. 사용자가 사는 환경을 깡그리 바꾸어놓지 않으면 작동하지 않는 기술을 훌륭한 기술이라 하기는 어렵다.

기계문명은 환경을 정복하는 일에서 인류의 위대함을 느끼게 해주었다. 따라서 산을 깎고 골짜기를 메워 '좋은' 도로를 만드는 것은 당연한 일로 받아들여져 왔다. 차는 기계문명의 상징이라 해도 좋다. 아피아 가도Via Appia나 아우토반을 만든 사람들이 '정복하지 못하면 멈추지 않는다'는 사상의 지주였다는 사실은 매우 상징적이다.

## 지느러미와 스크루의 대결

이번에는 물속으로 눈을 돌려보자. 왜 스크루를 사용하는 동물은 없을까? 이것은 에너지 효율로 설명할 수 있다. 스크루는 투입한 에너지 가운데 60퍼센트만을 추진력으로 쓴다. 물고기처럼 팔랑팔랑 부채질하듯 헤엄치는 방식은 에너지 효율이 훨씬 좋아서, 몸길이 5센티미터인 물고기의 경우 80퍼센트나 된다. 에너지 효율은 물고기의 크기가 클수록 더욱 좋아지는데, 몸길이 50센티미터인 것은 에너지 효율이 96퍼센트에 달한다. 사정이 이러할진대 굳이 스크루를 사용할 이유가 없다.

지상에서는 바퀴가 효율이 좋았는데, 물속에서는 효율이 나쁘다는 것은 이상할 것이다. 같은 왕복 운동이라 해도 걷는 것과 헤엄치는 것에는 커다란 차이가 있다. 걸을 때에는 뒤로 미는 운동만 추진력이 되고, 다리를 앞으로 내미는 에너지는 쓸모없이 버려진다. 그런데 물속에서는 지느러미를 어느 쪽으로 밀더라도 물을 밀어내어 추진력이 생긴다. 따라서 효율이 달라진다.

스크루의 효율을 나쁘게 하는 가장 큰 요인은, 회전 속도가 빨라졌을 때 스크루의 끝에서 발생하는 기포다. 공기 중의 스크루(프로펠러)에서는 이런 문제가 일어나지 않는다. 따라서 프로펠러의 추진 효율은 스크루보다 훨씬 우수해서 80퍼센트 정도 된다. 이 정도 효율이면 날갯짓하여 나는 날개 비행의 효율과 거의 차이가 없다.

그런데 왜 프로펠러로 나는 동물은 없을까? 공중은 지상과 달라서 장애물 문제도 없고, 프로펠러 동물이 있어도 괜찮을 텐데 말이다.

그에 대한 답으로, 동물계에 바퀴가 없는 이유를 생각해볼 수 있을 것이다. 그중 하나로는 회전하는 축을 만드는 어려움을 들 수 있다. 회전축에는 축을 비트는 힘이 걸리는데, 그것을 견디려면 매우 견고한 소재를 사용해야 한다. 생물이 과연 그런 소재를 만들 수 있는가에 대한 의문이 제기되어 왔다. 생물들은 비틀림(변형)을 피하려는 것처럼 보인다.

그러나 또 생각해보면, 옛사람들은 통나무라는 생물에서 기원한 재료를 이용하여 차축을 만들었던 만큼, 생물 자신이 차축을 만드는 것도 불가능한 일은 아닐 것이다. 다만 공중을 나는 문제의 경우는, 어쨌든 몸무게가 가벼워야 하므로 지극히 가벼우면서도 강한 소재를 만들 수 있을지는 역시 의문스럽다. 에너지 효율 면에서 별 소늑이 없는 까닭에 프로펠러 동물이 진화하지 않은 것은 지극히 당연하다는 생각이 든다.

엔지니어가 사용하는 재료와 생물 재료의 차이를 잠깐 언급해보겠다. 지느러미로 부채질하듯 수영하는 방법이 스크루보다 훨씬 효율이 좋다는 것은 조금 전에 살펴보았는데, 그럼 왜 배에서는 스크루만 사용하고 지느러미는 사용하지 않는 걸까?

이러한 효율의 우수성과 사람이 스크루에 말려들어갈 위험이 없다는 안전성에 주목하여 꼬리지느러미로 움직이는 배, 즉 지느러미 배의 개발에 몰두하고 있는 사람도 있기는 하다. 다만 그게 좀처럼 멋지게 만들어지질 않는다. 가장 큰 원인은 지느러미를 철판으로 만들어야 한다는 것인데 그저 힘을 지탱할 뿐인 철판을 휘휘 저어보아도 효율은 전혀 좋아지지 않는다. 부드럽게 휘어지는 지느러미와는 비교가 되지 않는다.

인간이 사용해온 기술은 돌, 도자기, 청동, 철 등의 단단한 물질에 기초를 두고 있다. 이와 달리 동물의 특성은 부드러운 데 있다. 부드러운 소재는 성질상 지느러미나 날개와 궁합이 잘 맞는다. 단단한 소재는 바퀴와 궁합이 잘 맞는다. 우리는 단단한 기술과 커다란 크기에 길들여져왔다. 그래서 동물계에 바퀴가 없다는 사실이 이상하게 여겨지는 것이리라.

생물계에는 왜 바퀴가 없는가에 대해 예로부터 거론되어온 설명이 하나 있다. 바퀴와 축받침은 반드시 끊어져 있어야 회전이 가능한데, 이 끊어진 공간을 넘어 축에 에너지를 공급하는 데에는 상당한 연구가 필요하다. 결국 어떻게 하면 회전하고 있는 물체에 외부로부터 에너지를 계속 공급할 수 있느냐가 문제이다.

박테리아는 이런 문제가 없다. 박테리아는 편모를 빙글빙글 회전시켜서 수영하는데, 이 모터는 수소 이온의 흐름을 에너지원으로 하고 있다. 박테리아는 몸 안팎의 수소 이온에 농도차를 주고, 이 농도차에 따라 농도가 진한 쪽에서 묽은 쪽으로 수소 이온이 모터를 지나 이동하게 한다. 다음 장에서 살펴볼 확산의 원리를 이용하여 에너지를 공급하는 것이다. 다만 이런 방법이 사용되는 것은 수 미크론(1미크론은 1,000분의 1밀리미터) 이하의 박테리아에 한정되어 있으며, 그 이상으로 커지면 확산 이외의 다른 방법을 개발해야 한다. 이런 이유로 몸집이 큰 동물에게는 바퀴가 없는 것인지도 모른다.

**7**

# 작은
# 수영
# 선수들

## 편모와 섬모

물속에서 헤엄치는 생물은 고래 같은 초대형 동물부터 앞서 얘기한 박테리아에 이르기까지 크기의 폭이 매우 크다. 동물들 가운데 가장 큰 흰긴수염고래는 몸길이가 25미터, 체중은 150톤에 이른다. 한편, 박테리아는 지름이 0.2~5미크론, 체중은 약 100억 분의 1그램($10^{-10}$그램)이어서 대충 몸길이로는 1,000만($10^7$)배, 체중으로는 $10^{18}$배 차이가 난다.

크기 차이가 이 정도면 헤엄치는 방법도 달라야 이상하지 않을 것이다. 실제로 수영에 쓸 힘을 내는 엔진 자체는 크기에 따라 다르다(그림 7-1).

큰 동물은 근육을 수축, 이완시켜서 헤엄친다. 20밀리미터에서 20미크론 정도 크기의 동물은 섬모로 물을 긁어 헤엄친다. 잘 알려진 짚신벌레는 몸에 약 5천 개나 되는 섬모가 난 대형 원생동물(섬모충)이다. 대형이라고 해야 몸길이는 0.2밀리미터밖에 안 된다.

더 작은 것들은 편모를 사용한다. 가령 대부분의 정자는 한 개의 편모를 마치 뱀장어처럼 물결치게 해서 헤엄친다.

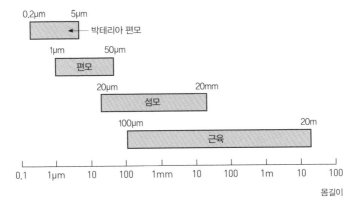

**그림 7-1** 헤엄치는 도구와 그것을 사용하는 생물의 몸길이 범위.

그보다 작은 것으로는 박테리아가 있는데, 이들은 박테리아 편모를 회전시켜서 헤엄친다. 같은 편모라는 이름이 붙어 있지만, 박테리아 편모는 박테리아(원핵생물)에서만 볼 수 있는 것으로, 그 이외의 편모(진핵생물의 편모)와는 전혀 다르다.

크기가 달라지면 왜 운동을 위한 엔진까지 달라지는 걸까? 바다 동물 중에는, 정자 시기에는 편모로 헤엄치고, 유생 시기에는 섬모를 사용하고, 훨씬 커지면 근육으로 헤엄치는 것들이 흔히 있다. 우리 자신도 지금처럼 근육을 써서 여러 영법으로 헤엄치지만, 애초에는 아버지에게서 나온 정자로서 편모를 이용하여 어머니의 태내로 헤엄쳐갔다. 그 후 커감에 따라 다르게 헤엄치는 방법을 몸소 체험하게 된다. 일생 동안에 이런 분화가 일어나는 데에는 아마 그 나름의 이유가 있을 것이다.

극히 작은 생물은 몸이 세포 하나로 된 단세포생물이다. 단세포생물이 헤엄을 치려면 세포에 한 가닥의 털을 길러 그것을 흔들어 물을 밀어내면 된다. 이런 털을 편모鞭毛라 한다. 털 하나로 똑바로 헤엄치려면 털을 채찍처럼 휘둘러서 그 파동이 편모의 뿌리에서 끝으로 전해지게 하면 된다. 파동은 좌우로 똑같이 진동하면서 후방으로 진행하기 때문에, 좌우의 힘은 서로 상쇄

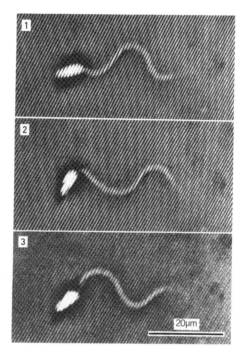

**그림 7-2** 성게(연잎성게) 정자의 운동을 0.01초마다 찍어 차례대로 늘어놓은 것. 왼쪽 머리 쪽부터 난 편모가 파동처럼 굽이치고 있다. (사진 제공: Ishijima Sumio石島純夫)

되어 세포는 좌우로 구부러지지 않고, 물을 뒤쪽으로 밀어내는 힘이 세포를 전진시킨다. 사람의 정자도 하나의 생식세포로서 이런 식으로 헤엄친다(그림 7-2).

세포가 조금만 더 커지면, 이미 털 하나만으로는 힘이 부족해지기 때문에 털을 두 개, 세 개로 늘려야 한다. 털이 많아지면 털을 휘두르는 방법을 좀더 연구해야 한다. 하나의 노로 배를 똑바로 나가게 하기는 어렵지만, 두 개일 경우에는 배 양쪽에 노를 달아서 동시에 노를 저으면, 순조롭게 똑바로 진행할 것이다. 실제로 세포에 털이 많이 나 있는 경우에는 털이 노처럼 움직인다(그림 7-3). 쭉 펴진 상태로 물을 뒤로 긁고, 돌아올 때는 척 휘어져서 세포 표면 가까이로 돌아온다. 마치 평영 선수의 동작처럼, 물을 유효하게 긁는 유효타와 처음 상태로 돌아오기 위한 회복타의 두 동작이 반복된다.

세포에 한 가닥 내지 몇 가닥의 비교적 긴(100미크론 정도) 털이 나 있어 운동에 쓰이는 경우 그것을 편모라 한다. 채찍처럼 휘둘러서 움직이는 경우가 많기 때문이다. 세포에 비교적 짧은 (15미크론 정도) 털이 많이 나 있을 때에는 그것을 섬모라고 한다. 부르는 이름은 다르지만, 편모와 섬모의 기본 구조는 똑같다. 물을 젓는 노는 길면 길수록 그만큼 배가 빨리 나가게 되는데, 섬모가 편모보다 훨씬 짧은 까닭은 무엇일까?

그것은 편모와 섬모의 단단함의 문제이다. 편모와 같이 파동을 일으켜 운동하는 생물에서는 편모가 그렇게 단단하지 않아

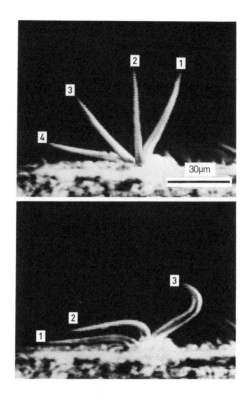

**그림 7-3** 섬모의 유효타(위)와 회복타(아래). 조개(홍합)의 아가미에 나 있는 거대 섬모의 운동을 고속 비디오로 촬영하여, 화면을 중첩시켜 한 화면에 재생한 것이다. 번호가 빠른 것이 시간적으로 먼저다. 유효타에서는 섬모가 물갈퀴처럼 펴진 채로 뿌리를 중심으로 회전하듯 물을 긁는다(시간 간격은 0.1초). 회복타에서는 섬모가 구부러지면서 아가미 표면에 가깝게 지나 돌아간다(시간 간격은 0.025초). (사진 제공: Ishijima Sumio石島純夫)

도 괜찮다. 반면에 섬모로 물을 긁을 때에는 핀처럼(물갈퀴처럼) 똑바로 펴야 하기 때문에 물의 저항을 받아도 휘지 않을 정도로 견고할 필요가 있다. 섬모처럼 가늘고 긴 막대 모양의 물체가 휘는 정도는 길이의 세제곱에 비례하기 때문에 길이가 길수록 급속하게 휘기 쉽다(이것은 긴 막대 양 끝을 잡고 구부려보고, 짧게 잡고 구부려보면 금방 알 수 있다). 지나치게 긴 섬모는 물의 저항으로 쉽게 휘어져버려 오히려 효율이 나쁘다. 그래서 쭉 펴서 물을 긁을 수 있는 섬모의 길이는 편모보다 짧은 길이가 되어야 한다.

섬모는 보트의 노이고, 편모는 긴 것 하나이므로 나룻배의 노라 하면 좋을 것이다. 똑같이 물을 젓는다 해도 여럿이 다르게 움직이면 똑바로 갈 수가 없다. 하나밖에 없는 편모가 섬모와 같은 동작을 한다면, 세포는 빙글빙글 돌기만 할 것이다.

편모는 섬모에 비해 효율이 나쁘다. 그래서 몸 크기가 커져서 그만큼 큰 추진력이 필요해지면, 털의 수만 늘리는 것이 아니라 털의 작동 방법까지 바꾸는 것이다. 실제로는 편모를 많이 길러 헤엄치는 것들도 조금 있으나, 그런 것들과 같은 크기의 섬모운동 생물을 비교해보면 섬모운동 쪽이 단연 빠르다. 섬모의 효율이 좋다는 증거다. 그렇지만 편모니 섬모니 하는 이름만 다를 뿐 기본 구조는 같은데도 운동 방식이 다른 이유가 무엇인지는 아직 분명하게 알 수 없다.

섬모로 헤엄치는 생물의 유영 속도를 측정해보면 대체로 1초에 1밀리미터로, 크기에는 거의 관계가 없다. 왜 그런지 그 이유는 분명하지 않지만 그것이 의미하는 바는 매우 중요하다. 크나 작으나 유영 속도가 일정하다는 것은, 각 생물의 몸길이를 기준으로 한 상대속도를 구하여 비교해보면 알 수 있듯이, 크기가 증가함에 따라 속도가 감소함을 의미한다. 예를 들면, 몸길이 0.1밀리미터인 생물이라면 1초 동안에 몸길이의 10배 거리를 헤엄치지만, 몸길이 1센티미터가 되면 자기 몸길이의 10분의 1밖에 헤엄치지 못한다는 뜻이 된다. 이건 별로 좋지 않은 상황이다. 큰 것들은 그만큼 많이 먹어야 하고, 그를 위해서는 넓은 범위를 돌아다녀야 하기 때문이다. 생물에게는 속도의 절대치보다 상대속도가 훨씬 중요하다. 섬모로 헤엄치는 생물들의 상대속도를 그림 7-4에서 보여주고 있는데, 몸길이가 커질수록 상대속도가 줄어드는 것을 뚜렷하게 볼 수 있다.

수영을 잘하는 생물들의 상대속도는 1초에 몸길이의 10배를 헤엄쳐간다는 것이 거의 표준처럼 되어 있다. 대개의 물고기들이 그런 수준이고, 섬모운동하는 것들 중에는 테트라히메나나 암짚신벌레가 그 정도의 상대속도로 헤엄친다. 이들은 몸길이가 0.1밀리미터 정도 되는 섬모충으로 물고기 못지않게 능숙한 수영 선수들인 셈이다. 섬모로 헤엄치는 가장 큰 것은 몸길이 2밀리미터의 와충류인 납작벌레인데, 이것은 1초에 몸길이의 0.3배 빠르기로 헤엄친다. 사육되는 녀석들을 살펴보면 헤엄친다기보다는 샬레 바닥이나 수면을 굼실굼실 기어다니고 있다. 이 납작벌레는 몸속에 있는 조류藻類와 공생하는 관계로, 이 조류로부터 영양분을 얻고 있기 때문에 먹이를 구하기 위해 움직일 필요는 없다. 그래서 그렇게 느릿느릿 움직여도 아무 문제가 없는 것이다. 이런 예를 보면 몸길이가 1밀리미터 정도가 섬모로

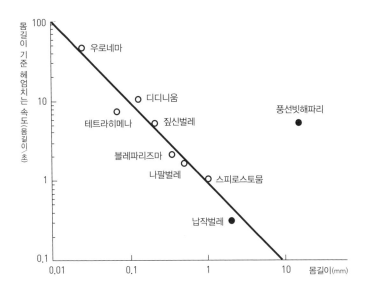

**그림 7-4** 섬모를 이용하여 헤엄치는 생물은 자기 몸길이를 기준으로 1초에 몇 배만큼 헤엄쳐 갈까? 납작벌레와 풍선빗해파리 말고는 모두 원생동물 섬모충에 속하는 것들이다. (Sleigh & Blake, 1977)

헤엄쳐 살아갈 수 있는 한계라고 할 수 있다.

이런 한계가 존재하는 이유는, 우선 섬모는 원래 세포의 표면에 나 있는 털로서 세포의 일부라는 점에 있다. 세포의 크기에는 한계가 있기 때문에(11장) 섬모의 크기에도 한계가 있는 것이 당연하고, 굵고 긴 섬모가 힘차게 물을 긁을 수 있는 방향으로 진화하기는 어려웠을 것이다. 빗해파리들은 다수의 섬모를 한데 붙여 만든 빗살판을 발달시켰는데, 그 가운데 몸길이 10센티미터 정도의 풍선빗해파리는 초당 몸길이 10배의 상대속도로

운동할 수 있다. 이것이 유일한 예외이다.

또 하나의 한계는 섬모가 표면에 한정된다는 점이다. 크기가 커짐에 따라 $\dfrac{\text{표면적}}{\text{부피}}$의 비율은 작아지게 된다(3장). 따라서 몸 크기가 작을 때는 표면적에 의존하는 섬모를 사용하는 것이 이치에 맞다.

몸 크기가 커지면 몸의 내부에 힘을 발생시키는 장치를 갖는 편이 큰 부피를 이용할 수 있어서 유리하다. 그리고 근육이 할 수 있는 일은 근육의 부피에 비례한다(8장). 몸집이 큰 동물들이 근육을 사용하는 이유도 여기에 있다.


## 저 레이놀즈 수의 세계

대체로 몸길이 1밀리미터를 경계로 하여 생물이 살고 있는 세계가 확 달라진다. 작은 세계와 큰 세계는 작용하는 물리법칙이 다른 까닭이다. 큰 세계는 뉴턴역학이 지배하는 세계, 관성력이 주인공인 세계이다. 작은 세계에서는 관성력이 주인공이 될 수가 없다. 관성력은 질량에 비례하고, 질량은 길이의 세제곱에 비례하므로 크기가 작아지면 질량이 급속하게 줄어들어서, 관성력이 대단히 작아져버리기 때문이다. 작은 세계에서는 관성력 대신 분자 간의 인력이 주인공이 된다. 주위 환경이 끈적끈적하게 들러붙는 세계이다. 또 열운동에 따른 분자의 요동을 무시할 수 없기 때문에 동계역학이 지배하는 세계이기도 하다.

작은 것들은 대개 물에 있다. 크기가 작은 것이 헤엄칠 때와 큰 것이 헤엄칠 때를 비교해보자. 헤엄치기 위해서는 주위의 물을 밀어내야 한다. 이것은 크기에 관계없이 모두 그렇다. 물이 밀리면 그 부분은 다른 곳보다 압력이 높아진다. 물은 압력이 높은 곳에서 낮은 곳으로 흐르므로 물의 운동이 일어나고, 그에 따라 이 운동을 멈추게 하려는 저항력도 생겨난다. 이 저항력에는 두 가지가 있는데, 크기가 변하면 유효한 저항력이 달라진다.

일반적으로 물체에는 한 곳에 그대로 머물러 있으려는 경향이 있는데, 이것을 관성이라 한다. 그래서 정지해 있는 물체를 움직이게 하려면 힘이 든다. 움직이려는 힘에 저항하여 역방향의 힘을 낸다는 의미에서 관성을 관성저항, 그 저항력을 관성력이라 한다. 헤엄치기 위해 주위의 물을 밀어내면 물의 관성력에 의해 도로 밀린다. 그 결과 헤엄치는 자는 반동으로 전진하게 된다. 결국 관성력을 추진력으로 사용하는 것이다.

헤엄치기 위해 물을 밀어내면 물의 흐름이 일어나는데, 그때 또 하나의 저항력이 생긴다. 물은 점성을 지니고 있어서 매끄럽게 흐르는 것을 방해한다. 이것이 점성저항이고, 이 저항력을 점성력이라 한다. 점성력도 추진력으로 사용할 수 있다.

물체가 물속에서 이동할 때에는 반드시 관성력과 점성력이 생기는데, 어느 쪽 힘이 큰가에 따라 똑같이 '헤엄친다'고 해도 상황이 크게 달라진다. 그리고 물체의 크기가 이 문제에 깊이 관련되어 있다.

먼저 관성력과 크기의 관계부터 살펴보자.

관성력 = 질량 × 가속도

물리학을 배운 사람들에게는 아주 친숙한 식이다. 관성력은 움직이는 물체의 질량이 커지면 커지고, 그 물체를 얼마나 빨리 가속시키는가(가속도)에도 비례하여 커진다. 즉 무거운 것은 움직이는 데 큰 힘이 필요하고, 같은 무게의 물체라도 급하게 움직이려면 천천히 움직이려 할 때보다 큰 힘이 든다.

우리는 걸을 때에 지면을 찬다. 지면은 물과 달리 고체이고, 흘러가버리지 않으며, 단단하게 한 덩어리로 뭉쳐 있다. 따라서 지면을 찬다는 것은 지구를 통째로 차서 움직이게 하려는 셈이 된다. 물론 지구의 질량은 굉장히 크므로 우리가 내차는 정도로는 꿈쩍도 않는다. 역으로 우리 자신이 반작용에 의해 튕겨나가서 앞으로 나가게 된다.

그렇지만 물은 유체이고, 고체와 같이 한 덩어리로 되어 있지 않다. 좁은 발로 물을 차도 영향을 받는 물의 양은 정해져 있기 때문에 큰 관성력은 생기지 않는다. 큰 관성력을 얻기 위해서는 큰 질량의 물을 밀어내야 한다. 즉 다량의 물을 밀어낼 필요가 있다. 지느러미나 물갈퀴가 면적이 넓은 것은 그 면적으로 다량의 물을 밀어내기 위한 것이다.

밀어낸 물의 양은 지느러미의 면적과 지느러미가 움직인 거리를 곱한 것이 된다. 그리고 지느러미의 면적은 동물의 표면적에 대체로 비례하므로, 몸길이의 제곱에 비례한다. 지느러미가 움직이는 거리는 몸길이에 비례하므로, 결국 밀어낼 수 있는 물의 양은 동물의 부피에 비례한다. 물의 밀도를 물의 부피에 곱하면 밀어낸 물의 질량이 나온다.

밀어낸 물의 질량 $\propto$ 물의 밀도 $\times$ 부피

가속도에 대해서도 같은 추론을 진행하면 다음과 같다.

가속도 $\propto \dfrac{\text{유영 속도}^2}{\text{몸길이}}$

따라서 관성력은 다음과 같다.

관성력 $=$ 질량 $\times$ 가속도 $\propto$ (물의 밀도$\times$부피) $\times \dfrac{\text{유영 속도}^2}{\text{몸길이}}$

$\propto$ 물의 밀도$\times$몸길이$^2\times$유영 속도$^2$

점성력은 다음과 같은 식으로 주어진다. 관성력과 나란히 써 보자.

점성력 $\propto$ 물의 점도 $\times$ 몸길이 $\times$ 유영 속도

관성력 ∝ 물의 밀도 × 몸길이$^2$ × 유영 속도$^2$

두 식을 비교해보면 관성력은 길이와 속도 각각의 제곱에 비례하는데, 점성력은 그냥 비례하고 있다. 따라서 크기나 빠르기가 증가하면 관성력 쪽이 비교가 안 될 정도로 커진다. 관성력과 점성력의 비를 레이놀즈 수Reynolds number라고 한다.

$$레이놀즈\ 수 = \frac{관성력}{점성력} = \frac{밀도}{점도} × 길이 × 속도$$

밀도나 점도는 물체 주위에 있는 유체(이 경우는 물)의 것이다.

레이놀즈 수는 관성력과 점성력의 비이므로 레이놀즈 수가 크면 점성력은 무시할 수 있을 경우가 되어, 관성력만을 고려해도 된다는 것을 의미한다. 레이놀즈 수가 작으면 점성력만을 고려하면 된다. 레이놀즈 수를 알면 그 물체에 작용하는 힘의 종류나 물체 주위를 흐르는 유체의 모양을 알 수 있기 때문에, 이 수는 유체역학에서는 가장 기본적인 수치이다.

레이놀즈 수와 몸길이의 관계를 그래프로 나타낸 것이 그림 7-5이다. 레이놀즈 수는 길이와 속도에 비례하는 것으로, 크기(길이)가 큰 동물은 대개 속도도 빠르므로 레이놀즈 수가 크다. 송사리 정도의 작은 물고기도 레이놀즈 수가 1,000을 넘는다. 레이놀즈 수가 1,000이라는 것은 관성력이 점성력의 1,000배나 크다는 것으로, 관성력이 지배하는 세계라는 뜻이다. 역으로 편모나 섬모를 사용하는 것들의 레이놀즈 수는 0.1 이하여서, 점성력이 지배하는 세계임을 보여준다.

그림에서는 공중을 나는 것들도 나타냈다. 나는 것들도 공기라는 유체 속에서 움직이기 때문에 당연히 레이놀즈 수가 관계한다. 나는 것이나 헤엄치는 것이나 크기가 같으면 레이놀즈 수는 아주 비슷한 값이라는 사실은 무척 흥미롭다. 그림에는 몸길이가 1밀리미터일 때 레이놀즈 수 1인 점을 지나고 기울기가 2인 직선을 그려놓았는데, 대략적으로 보아 나는 것들이나 헤엄치는 것들이나 다 이 직선상에 놓인다고 할 수 있다.

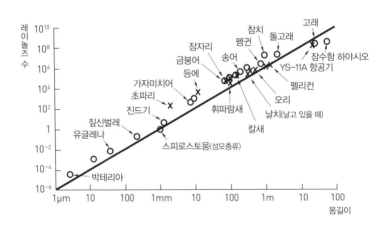

**그림 7-5** 레이놀즈 수와 몸길이의 관계. ○는 물에서 헤엄치는 것, ×는 공중에서 나는 것이다. 양쪽 다 최고 속도로 운동한 경우이다. (McMahon & Bonner, 1983년의 자료를 이용하였고, Hayashi 林, 1990년의 아이디어에 기초하여 그린 것)

유체 속을 운동하는 것들의 몸길이와 레이놀즈 수의 관계가 이 직선상에 놓인다는 사실에 기초하여 생각해보면, 하나의 표준으로 다음과 같이 말할 수 있다. (1)몸길이 1밀리미터 이하에서는 점성력이 관성력보다 커진다. (2)속도는 몸길이에 비례한다. (3)같은 몸길이를 가진 것끼리 비교하면 나는 것이 헤엄치는 것보다 15배 빠르다.

이 마지막 사항은 공기와 물의 물리적 성질의 차이를 생각하면 쉽게 이해된다. 레이놀즈 수는 $\frac{밀도}{점도}$에 비례하는데, 이 값이 물에서는 공기에서보다 15배 크다. 따라서 같은 몸길이에 같은 레이놀즈 수를 갖는 경우, 속도는 역으로 공기 중에서가 15배 빨라진다. 이상의 이야기는 매우 거칠게 어림한 것이긴 하지만, 대강의 표준으로는 쓸모가 많을 것이다.

몸길이 1밀리미터 이하에서는 점성력이 관성력보다 크다. 점성력이 지배하는 세계에서는 주위 환경이 끈적끈적 들러붙는다. 우리에게는 물이 미끈미끈하게 느껴지지만, 크기가 작은 것들에게는 물엿처럼 끈적끈적 달라붙는 것처럼 느껴진다.

끈적거림(점성력)을 이용하여 추진력을 얻으려 하면 관성력을 사용할 때와는 상황이 상당히 달라진다. 섬모운동의 경우, 섬모는 노처럼 물을 긁는다고 했는데, 사실 이것은 정확한 표현이 아니다. 관성력의 세계에서 노를 저을 때는 노의 넓은 면으로 많은 물을 밀어내고, 노를 되돌릴 때는 넓은 면을 눕혀서 긁는 면적을 작게 하여 최소한의 물만 건드리게 하면 된다. 그런데 점성력을 사용할 때에는 노를 어떻게 움직이더라도 주위 환경이 들러붙기 때문에 노를 되돌릴 때에도 역방향의 추진력이 적지 않게 생긴다. 이것은 좋지 않은 상황이다. 그러나 점성저항이 달라지게 노를 움직이는 방법이 있다. 막대를 세워 긴 면으로 물을 밀어낼 때에는 막대를 눕혀서 축 방향으로 미끄러지게 했을 때보다 2배의 점성저항이 있다. 섬모는 이것을 이용한다. 섬모는 똑바로 세운 유효타와 구부러진 회복타를 반복하여 추진력을 얻고 있다. 그렇게 해도 유효타는 고작 2배밖엔 유효하지 않다. 섬모나 편모를 사용하는 것들의 수영 효율이 고작 몇 퍼센트로, 관성력을 사용하는 것들의 10분의 1 이하인 것은 그 때문이다.

## 스파즈모님과 레이놀즈 수의 트릭

몸길이 1센티미터 이상인 동물은 관성력이 지배하는 세계에서 살고, 0.1밀리미터 이하의 것은 점성력의 세계에서 산다고 생각하면 크게 틀릴 게 없다. 그 중간인 1밀리미터 전후의 동물은 레이놀즈 수가 1 정도로, 점성력과 관성력이 모두 관계한다.

몸길이 1밀리미터 정도의 동물은 다른 크기의 동물이 흉내낼 수 없는 트릭을 쓴다. 레이놀즈 수는 크기뿐 아니라 속도에도 비례하므로, 움직이는 속도를 바꾸어 점성력의 세계와 관성력의 세계를 자유로이 오갈 수 있기 때문이다.

종벌레라는 단세포생물이 있다(그림 7-6). 종 모양의 몸체에서 자루가 하나 뻗어나와 연못 속에 떨어져 있는 나뭇가지 같은 데에 붙어 있다. 이 무리는 개체로 사는 것들도 있고, 여러 개체가 모여서 커다란 군체를 이루고 사는 종류도 있다. 종벌레는 원생동물의 섬모충류에 속한다. 종 모양의 몸체에는 섬모가 나 있어서, 그것으로 물의 흐름을 일으켜 그 흐름에 실려오는 박테리아를 잡아먹는다. 평상시에는 고착생활을 하고 지내다가 환경조건이 나빠지면 종 부분만 자루에서 떨어져 나와 딴 곳으로 헤엄쳐 간다. 이때 섬모를 사용하여 헤엄친다. 섬모로 헤엄칠 때 종벌레는 느린 속도로 인해 저 레이놀즈 수 세계의 주인공이 된다.

종벌레의 자루는 평상시에는 펴져 있다가, 무엇이 건드리거나 진동을 느끼면 빙글빙글 나선을 그리면서 오므라든다. 이것은 포식자에게서 도망치는 수단이다. 자루가 수축하는 속도는 엄청나게 빠르다.

자루 속에는 스파즈모님spasmoneme(마이오님myoneme)이라는 특수한 수축 장치가 들어 있는데, 근육과는 전혀 다른 수축 기구다. 그 수축 속도는 지금까지 알려진 가장 빠른 근육보다 10배나 빠르다. 어쩌다가 이렇게 보잘것없는 원생동물에게 터무니없을 정도로 빠른 수축 장치가 발달한 걸까?

여기서 점성력이 지배하는 세계가 어떠한 세계인지 다시 한 번 생각해볼 필요가 있다. 점성력의 세계에서는 주위가 끈적끈

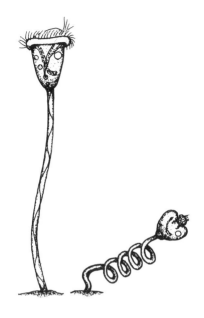

**그림 7-6** 종벌레. 오른쪽은 수축했을 때의 모습. 자루 속에 비쳐 보이는 구불구불한 나선이 스파즈모님이다. 자루 길이는 0.2밀리미터.

적 들러붙기 때문에 동작을 하면 반드시 주위 환경도 질질 끌려오게 된다. 그래서 포식자임을 알아채고 달아나려고 해도 환경과 함께 포식자를 질질 끌고 달아나는 꼴이 되고 만다. 아무리 달아나려고 발버둥쳐도 포식자는 뒤에서 따라붙게 된다.

한 가지 해결 방법은 한순간만이라도 달아나는 속도를 빠르게 해서 레이놀즈 수를 높이는 것이다. 그렇게 하면 점성력이 지배하는 세계에서 관성력의 세계로 옮겨가기 때문에, 주위가 끈적끈적 달라붙지 않아서 포식자를 뿌리칠 수 있다.

스파즈모님을 가진 것으로는 종벌레 외에 나팔벌레와 스피로 스토뭄이 있다. 그 어느 것도 일단 건드리면 스파즈모님에 의해 획 하고 몸을 움츠린다. 이들은 모두 섬모충류이며, 단세포생물 로서는 초특급으로 큰 동물이다. 몸길이가 1~2밀리미터나 된 다. 이 크기가 관건이다. 이보다 작을 때에는 레이놀즈 수가 워 낙 작아서 아무리 빨리 수축을 해도 점성력의 세계로부터 빠져 나오기가 어렵고, 이보다 큰 것인 경우에는 역으로 관성력의 세 계에 묶이게 된다.

섬모를 이용하여 헤엄치는 것들은 크기가 커질수록 서툰 수 영 선수가 된다는 사실을 상기하기 바란다(그림 7-4에 나팔벌레와 스피로스토뭄이 섬모로 헤엄치는 속도가 나와 있다). 이렇게 느릿느릿 한 생물은 살아남는 수단으로 초고속 수축 장치인 스파즈모님 을 작동시키고 있다. 1밀리미터 정도의 크기는, 점성력과 관성 력을 상황에 따라 분간하여 사용하기에 가장 적당한 크기이다. 그것은 평상시에 생활하던 점성력의 세계에서 스파즈모님을 수 축시켜 관성력의 세계로 단숨에 옮겨가 잡아먹히지 않을 수 있 는 크기다. 자기 몸 크기의 장점과 단점을 분별하여 레이놀즈 수의 트릭을 쓴다는 것은 참으로 멋진 방법이다.

# 확산이 지배하는 세계

헤엄치는 것 중에 가장 작은 생물은 박테리아(세균)이다. 몸길이는 0.2~5미크론 정도이며, 박테리아 편모라는 털을 가지고 있다. 이 털은 아주 느슨한 용수철처럼 헐렁한 나선 모양으로 말려 있는데, 편모 뿌리에 생물계에서는 좀처럼 볼 수 없는 회전 구동형 모터가 있다. 이 모터가 돌면 편모가 코르크 병따개처럼 빙글빙글 돌아서 박테리아를 앞으로 나가게 한다.

박테리아의 세계는 우리가 살고 있는 세계와는 판이하게 다르다. 움직임을 지배하는 물리법칙이 다르기 때문이다. 앞에서 본 것처럼 우리는 관성력의 세계에서 살고 있고, 박테리아는 점성력의 세계에서 살고 있다. 다만 똑같이 점성력이 지배하는 세계라 해도, 박테리아의 세계는 편모나 섬모로 헤엄치는 진핵생물의 세계와는 또 다르다. 사실 박테리아 정도로 작아지면 헤엄친다는 것 자체의 의미가 변한다.

물질을 구성하는 알갱이인 분자는 열운동에 의해 끊임없이 좌충우돌하면서 돌아다니는데, 이 움직임은 너무나 작아서 우리 눈에는 보이지 않는다. 그러나 박테리아 정도로 작은 생물에게는 이 움직임이 상당히 크다. 다시 말해서 몸길이와 비교하여 열운동에 의한 분자의 움직임이 무시할 수 없을 만큼 크다.

분자가 열운동에 의해 이동해가는 현상을 확산이라 한다. 확산으로 움직인 거리와 그에 소요되는 시간의 관계는 다음과 같다.

이동 거리$^2$ = 2D × 시간

확산으로 움직인 거리의 제곱의 평균치는 시간에 비례한다. 비례상수 D는 확산계수로, 분자의 크기와 온도 및 용액의 종류에 따라 결정된다. 비교적 작은 분자가 실온의 물속에서 확산될 때의 D 값은 초당 $10^{-5}$제곱센티미터($10^{-5}$cm$^2$/sec) 정도이다.

박테리아의 몸길이는 약 1미크론이다. 분자가 확산으로 1미크론의 거리를 이동하는 데 소요되는 시간을 구해보면, 0.5밀리초(1밀리초는 1,000분의 1초)이다. '앗' 하는 순간이다. 몸길이의 10배, 즉 10미크론을 움직이는 데 필요한 시간은 그 100배가 되는데, 그래봤자 겨우 0.05초이다.

박테리아가 헤엄치는 속도는 1초에 20미크론 정도이다. 그런데 분자가 확산으로 움직이는 거리는 1초에 45미크론이다. 오히려 주위 환경의 '수영 실력'이 훨씬 나은 셈이다.

이런 환경에서 산다면, 저쪽에 먹이가 있다고 해서 굳이 잡으러 갈 필요가 없다. 일부러 헤엄쳐가지 않아도 먹을 물질의 분자가 이쪽으로 '헤엄쳐' 와주기 때문이다.

확산이 지배하는 세계는 퍼셀Edward Mills Purcell의 표현을 빌리자면 다음과 같다. 우리가 일상적으로 보는 세계에서는 소가 풀을 먹으려면 계속 걸어다녀야 한다. 움직이지 않으면 자기 주위의 풀을 다 뜯어먹고 나면 끝이기 때문이다. 그런데 박테리아의 세계에서는 풀이 컨베이어벨트에 실려서 이동해온다. 그저 입만 벌리고 있으면 계속해서 먹을 것이 저절로 들어온다. 이런 상황에서는 수영 따위가 필요 없다.

다만 먹을 것이 들어오는 빈도는 풀의 밀도가 어느 정도인가에 따라 결정된다. 풀이 드문드문 나 있다면 컨베이어벨트는 돌아가더라도 풀이 실려 오지 않을 때가 있을 것이다. 전혀 풀이 없는 황무지라면 아무리 기다려도 풀은 오지 않는다. 따라서 박테리아가 헤엄을 치는 것은 보다 푸른 풀밭을 얻기 위한 행동이다. 일단 그런 풀밭에 도착하고 나면, 그다음부터는 헤엄을 치든 안 치든 먹이는 저절로 입안으로 흘러들어온다. 이런 달콤한 이야기가 통하는 경우는 유감스럽지만 크기가 극히 작은 생물에게만 해당한다. 확산 시간과 거리의 관계를 달리 쓰면 다음과 같다.

확산에 걸리는 시간 $\propto$ 확산으로 움직인 거리$^2$

움직이려는 거리가 2배가 되면 시간은 4배가 걸린다. 거리가 10배가 되면 시간은 100배, 100배가 되면 1만 배가 되어 시간이 극단적으로 많이 걸리게 된다. 가령 1밀리미터면 짚신벌레 몸길이의 10배 길이인데, 확산으로 1밀리미터를 이동하는 데에는 8분이나 걸린다. 짚신벌레가 헤엄치면 1초에 갈 수 있는 거리이다. 이미 짚신벌레 정도의 크기라면 그저 입만 벌리고 확산으로 먹을 것이 날아들기만 기다리고 있을 수는 없다.

8

# 호흡계와
# 순환계는
# 왜 필요한가

## 허파도 심장도 없는 동물

크기가 몹시 작으면, 아무것도 하지 않아도 영양물이 저절로 굴러 들어온다. 그리고 몸속으로 거두어들인 영양물질이나 산소도 확산에 의해 몸속 구석구석까지 신속하게 퍼진다. 몸은 거의 물로 되어 있으므로 확산 속도는 물속에서와 그다지 다르지 않다. 조직 속에서 산소의 확산 속도는 물속에서의 약 절반이다.

몸의 크기가 커지면 몸 표면에서 몸 중심까지의 거리가 멀어져서 확산에만 의지해서는 물질 운반에 시간이 오래 걸린다. 체액을 순환시켜서 산소를 비롯한 물질 분자들을 몸 표면에서 내부로 운반해주어야 한다.

그릇이 작으면 그릇 속의 물질 농도는 확산만으로도 충분히 같아질 수 있다. 그릇이 크면 뒤섞어주지 않는 한, 확산만으로 그릇 속의 물질 농도를 같아지게 하는 것이 거의 불가능해진다. 순환계란, 몸속의 물을 마구 휘저어 산소나 영양물질의 농도를 일정하게 만드는 일종의 교란 장치이다. 따라서 몸 크기가 작으면 순환계가 필요 없다.

크기가 작으면 호흡계도 필요 없다. 동물들은 외부세계로부터 영양물질과 산소를 끌어들인다. 이들은 몸 표면을 통하여 들어오므로 그 양은 표면적에 비례한다. 한편, 그것을 소비하는 것은 몸의 조직이므로 소비량은 조직량에 비례하고, 그것은 당연히 몸의 부피에 비례한다. 몸집이 작은 동물은 $\frac{표면적}{부피}$ 비율이 크다. 몸집이 커짐에 따라 이 비는 점점 작아신다. 따라서 몸집이 큰 동물일수록 수요가 늘어나는 만큼 공급이 늘어나질 않는다. 그래서 산소를 끌어들이기 위해 특별히 표면적을 늘릴 필요가 생긴다. 이것이 호흡계이다. $\frac{표면적}{부피}$ 비율 문제는 지금까지 이미 몇 차례 언급한 바 있고, 앞으로도 나올 것이다. 크기 문제는 대부분 이 문제에 귀착되기 때문이다. 사람처럼 큰 동물은 호흡계 및 그와 밀접하게 연결된 순환계라는 복잡한 구조를 진화, 발달시켜왔는데, 이는 $\frac{표면적}{부피}$ 비율 문제를 해결하려 한 결과이기도 하다. 크기가 작아지면 이들은 없어도 된다.

그럼 동물이 어느 정도로 작아지면 특별한 호흡계나 순환계 없이 살아갈 수 있을까? 음식은 많이 먹어두면 되겠지만, 산소는 저장해둘 수가 없으므로, 우선 산소를 살펴보자. 확산만으로 산소를 조달하여 살아가는 동물의 최대 크기가 어느 정도인지 대략 계산해보자.

이 계산의 기초가 되는 것은 피크Fick의 식이라고 부르는 다음 식이다.


물질의 이동량 = –K × 면적 × 물질의 농도기울기

이 식은 어떤 표면을 통하여 단위시간에 얼마만큼의 물질이 확산으로 이동하는지를 나타낸다. 물질의 이동량은 물질이 통과하는 표면의 면적에 비례하고, 물질의 농도기울기에도 비례한다. 농도기울기란, 물질이 통과하는 면 안팎의 농도 차를 면의 두께로 나누어 얻은 값을 말한다. 식의 비례상수 K는 앞장에서 언급한 확산계수 D에 해당되는데, 물에 녹은 산소와 같이 기체의 수용액인 경우에는 농도를 기체의 분압으로 나타내던 습관 때문에, 기체의 물에 대한 용해도를 D에 곱하여 얻은 K(투과계수)를 사용한다.

위의 식은 독일의 생리학자 아돌프 오이겐 피크Adolf Eugen Fick가 도출한 것으로, 물질이 확산에 의해 전해지는 경우뿐 아니라 열이 뜨거운 쪽에서 차가운 쪽으로 이동하는 경우에도 이 식이 적용되고 있어, 생리학에서 쓰이는 가장 기본적인 식 중의 하나이다.

여기 공 모양의 동물이 있다고 생각해보자. 이 동물이 자신에게 필요한 산소를, 몸의 표면으로 확산해 들어오는 것만으로 충당하려 한다면 가능한 몸의 크기는 얼마나 될까? 답은 피크의 식을 이용하여 간단히 계산할 수 있다(부록 2). 결과는 반지름 1밀리미터다. 즉 호흡계와 순환계를 모두 갖추지 않은 동물은 반지름 1밀리미터 이상의 크기가 될 수 없다.

# 납작벌레는 왜 납작할까?

그럼 몸이 그 이상으로 커지면 어떻게 해야 할까? 한 가지 방법은 모양을 바꾸는 것이다. 확산으로 이동할 수 있는 거리에는 한계가 있으므로, 몸의 두께를 그 범위 안으로 유지하면서 몸을 넓게 펴면 된다. 구는 $\frac{표면적}{부피}$ 비율이 가장 작은 형태이다. 팔랑팔랑할 정도로 평평한 모양이면 확산해서 갈 거리 문제와 $\frac{표면적}{부피}$ 비율 문제를 모두 피해갈 수 있다.

　실제로 이러한 전략을 쓰고 있는 동물이 납작벌레다. 교과서에서 익히 보아온 플라나리아도 같은 무리(편형동물)이다. 납작벌레는 그 이름처럼 납작하게 생겼다. 조수가 빠져나간 해안에서는 바위 위에 길이 5센티미터 정도의 얇은 타원형 생물이 엎드려 있는 것을 쉽게 볼 수 있다. 이것이 납작벌레인데, 이런 종류는 대형에 속한다. 몇 밀리미터가 되는 것들도 많은데, 작은 것의 단면은 거의 공 모양에 가깝다. 크기가 커감에 따라 두께는 늘어나지 않고, 옆으로만 퍼지기 때문에 납작한 모양이 되어간다. 납작벌레에게는 호흡계나 순환계가 없다.

　바위 위에 납작벌레가 엎드려 있다고 하자. 등쪽(바위 반대쪽) 표면으로만 산소가 들어온다고 보면, 앞의 동그라미 형태 동물의 예와 똑같은 방법으로 납작벌레가 얼마나 두꺼워질 수 있는가를 계산할 수 있다. 계산된 최대 두께는 0.6밀리미터이다(부록 2). 실제 납작벌레도 크기에 관계없이 대개 그 정도 두께다. 납작벌레의 두께는 산소의 확산 속도에 따라 결정된다고 결론을 내려도 좋다.

납작벌레는 납작하게 됨으로써 산소 운반 문제를 해결하는 틀을 제공했다. 하지만 아직 체내 영양물질 운반 문제가 남아 있다. 사람의 경우에는 장에서 흡수된 영양물질이 혈액의 흐름을 타고 몸 구석구석까지 운반되는데, 납작벌레에게는 순환계가 없다.

납작벌레의 입은 배쪽 중앙에 있다. 납작벌레에게는 먹은 것을 체내 곳곳으로 보낼 수 있도록 온몸으로 가지를 뻗은 장腸이 있다. 영양물질이 장을 통해 직접 전달되는 구조이다. 장이 가지를 친 모양에 따라 무장류無腸類, 봉장류棒腸類, 삼기장류三岐腸類, 다기장류多岐腸類 등으로 분류되는데, 작은 납작벌레에게는 장이 없거나 있어도 일종의 막대 같은 모양이다. 몸이 커져서 가로로 퍼짐에 따라, 장은 세 갈래 또는 그 이상의 갈래로 갈라져 넓어진 면적을 감당할 수 있게 된다(그림 8-1).

납작벌레에게는 산소 운반 체계는 없으나, 음식물을 운반하는 체계는 존재한다. 이 차이는 분자의 확산 속도 차이 때문이다. 산소처럼 작은 분자일수록 확산 속도가 빠르다. 음식물 분자는 분자의 크기가 분해되는 정도에 따라 다르기는 하지만, 산소에 비해 현저하게 크기 때문에 확산 속도가 느리다. 특히 큰 분자들의 조직 내 확산 속도는 수중에서보다 훨씬 느리다. 따라서 호흡계는 없어도 음식물 운반계는 있어야 한다.

납작벌레는 왜 납작한가에 관한 이상의 논의는 영국의 로버트 맥닐 알렉산더Robert McNeill Alexander가 쓴《크기와 모양Size and Shape》에 나오는 내용이다. 백발인 그는 고개를 들고 봐야 할 만큼 키가 크다. 2장에서 소개한 슈미트-닐센도 백발 장신이다. 두 키다리가 함께 걸어가는 모습을 보고 있으면, 크기에 관해 연구하는 사람은 키나 학문이나 다 '크기가 엄청나구나' 하고 압도당하는 느낌이 들곤 했다. 슈미트-닐센에게는《동물은 어떻게 움직이는가How Animals Work》라는 저서가 있다. 나에게 동물학의 재미를 가르쳐준 이 두 권의 책은 모두 간결 명쾌하면서 발상이 참으로 훌륭하다. 논리의 줄기가 통하면서도 유머가

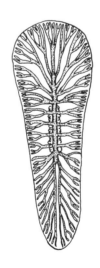

**그림 8-1** 대형 납작벌레(다기장류). 입은 배쪽 중앙에 있고, 거기서부터 장이 갈라지면서 온몸 구석구석까지 가지를 뻗고 있다. (Hyman, 1951)

있는 책들이다. 분자를 다루는 것만 흥미진진한 생물학은 아니라는 듯, 개체를 기초로 한 동물학의 묘미를 맛보게 해주는 명저들이다. 읽기를 권한다.


## 지렁이가 뱀처럼 굵어질 수 있을까?


그렇다면 호흡계는 없고 순환계만 있을 경우에는 얼마나 커질 수 있을까? 이 문제를 가지고 알렉산더는 논의를 이어간다. 구체적으로는 지렁이 같은 동물이 논의의 대상이다. 지렁이에게는 훌륭한 혈관계가 있어 붉은 피가 흐르지만 아가미나 허파는 없다.

지렁이 같은 원통형 동물이 호흡계도 순환계도 없이, 확산에만 의지하여 산소를 운반한다면, 최대 굵기는 얼마나 가능할까? 앞의 구형 동물이나 납작벌레 같은 방법으로 계산하면 최대 반지름 0.8밀리미터가 나온다(부록 2). 그럼 여기에 순환계를 추가하여 살펴보자. 피부 바로 밑으로 혈관이 지나가고 있어서, 산소가 확산에 의해 피부를 통하여 바깥에서 이 혈관 속으로 들어오면, 혈류를 타고 몸속으로 운반된다. 이런 동물은 얼마나 굵어질 수 있을까? 부록 3에 계산 방법을 제시해둔 것처럼, 계산해보면 반지름 1.3센티미터가 나온다.

실제로 남아메리카에는 체중이 1킬로그램이나 되는 거대한 지렁이가 살고 있다. 세계 최대의 굵기를 지닌 이 지렁이 몸의 반지름은 정확하게 1.3센티미터로, 계산에서 나온 값과 일치한다. 굵기로는 이보다 못하지만, 아프리카나 오스트레일리아에는 길이가 3미터를 넘는 지렁이도 있다. 결국 지렁이는 어느 정도 길어질 수는 있지만 호흡계가 없기 때문에 $\frac{표면적}{부피}$ 비율의 제약을 받아 어느 한도 이상으로는 굵어질 수가 없다.

그렇다 해도 순환계에는 문제가 없다. 원통형 동물에서 순환계가 없으면 굵어질 수 있는 한도가 0.8밀리미터였는데, 순환계가 존재할 경우에는 1.3센티미터이므로, 16배나 굵어질 수 있는 것이다.

## 호흡계

이보다 굵어지려면 아무래도 호흡계가 있어야 한다. 대표적인 호흡기관은 아가미와 허파이다. 둘 다 몸의 일부가 크게 부풀어서 외부세계와 접촉하는 형태다. 몸의 일부를 바깥으로 부풀려 내놓은 것이 아가미이고, 반대로 몸속으로 부풀려서 집어넣은 것이 허파이다. 표면적을 크게 하기 위해 둘 다 주름이 많다. 그리고 둘 다 표면 바로 밑으로 혈관들이 지나가 거기서 기체를 교환한다.

동물의 몸은 대단히 효율이 좋은 기계장치로 간주되고 있으므로, 일단 낭비가 없다고 보자(물론 처음부터 그렇게 믿을 수는 없겠지만). 허파로 들어오는 산소량은 조직에 필요한 산소량보다 적지는 않겠지만, 그렇다고 터무니없이 많지도 않을 것이다. 산소는 허파에서 혈액으로, 혈액에서 조직세포로, 그리하여 조직세포 내의 미토콘드리아로 전달된다. 세포 속에 있는 미토콘드리아는 산소를 사용하여 ATP를 만들어내는 에너지 제조 장치이다. 이들 각 단계가 갖는 산소 처리 능력이 상호 균형을 이루면, 산소는 낭비 없이 전달된다. 공장의 생산 라인에서 모든 부서가 같은 처리 능력을 갖도록 설계해야 작업이 원활하게 진행되는 것과 같은 이치이다. 어느 한 부서만 성능이 좋은 것은 낭비이다.

포유류의 호흡계는 정말로 낭비가 없도록 설계되어 있을까?

호흡계의 최대 능력은 산소를 양껏 사용하는 상황에서 발휘되므로, 먼저 최대 산소 소비량부터 구해보자. 동물을 트레드밀 위에서 달리게 하면서 벨트의 속도를 점점 빠르게 해주면, 어떤 지점에서 산소 소비량이 최대치에 도달하게 된다. (사실 그 이상 빠르게 달리게 하는 것은 짧은 시간 동안은 가능할지 모르나, 그때는 이미 산소 호흡에 의한 ATP 생산량이 한계에 도달하기 때문에, 산소를 사용하지 않고 ATP를 만들어 부족분을 보충하게 된다. 그렇게 되면 혈액 속에 젖산이 쌓여 금방 피로해져서 더 이상 달릴 수 없게 된다.)

그렇게 하여 구한 단위시간당 최대 산소 소비량은 대략 기초대사량의 10배였다. 기초대사량은 체중의 4분의 3제곱에 비례하므로 최대 산소 소비량도 대략 체중의 4분의 3제곱에 비례한다. 따라서 호흡계의 산소 처리 능력이 모든 단계에서 $W^{\frac{3}{4}}$에 비례한다면, 낭비 없는 체계가 될 것이다.

산소 소비량이 체중의 4분의 3제곱에 비례한다는 것은, 조직 1그램당으로 치면 체중의 마이너스 4분의 1제곱에 비례함을 의미한다. 체중 30그램의 쥐와 300킬로그램의 소를 비교하면, 조직 단위무게당 산소 소비량은 쥐가 10배나 많다. 이렇게 큰 차이를 충분히 감당해낼 수 있도록, 호흡계와 순환계 및 세포내 호흡계(미토콘드리아)가 몸의 크기에 맞게 뭔가 변해야 할 것이다.

먼저 산소를 필요로 하는 근육부터 살펴보자. 신체가 산소를 최대로 사용하고 있을 때는 혈액의 90퍼센트가 골격근으로 공급된다. 아울러 몸에 있는 골격근의 무게는 모두 합하여 체중의 45퍼센트로, 동물의 크기에 관계없이 일정하다. 체내에 있는 미토콘드리아의 80퍼센트(부피비)는 골격근 속에 있어서, 최대 산소 소비가 일어날 때는 산소의 대부분이 골격근에 사용된다고 해도 과언이 아니다. 쥐는 소보다 조직 1그램당 산소 소비량이 10배 많은데, 이 차이의 최대 원인은 골격근의 산소 소비량 역시 10배에 달하기 때문이다.

골격근이 사용하는 에너지(ATP)의 70퍼센트는 힘의 발생 장치인 액틴-마이오신 체계에서 소비된다(나머지 30퍼센트는 액틴-마이오신계를 활성화시키기 위한 칼슘 이온 농도를 제어하는 데 쓰인다). 힘은 근육의 주요 단백질인 액틴과 마이오신의 상호작용으로 발생하며, 이때 ATP가 분해되어 사용된다. 마이오신은 ATP를 분해하는 효소로 작용하는데, 사실은 이 효소의 활성이 $W^{-\frac{1}{4}}$에 비례한다. 결국 크기가 작은 동물의 골격근은 그만큼 많은 ATP를 소비한다.

그러면 왜 작은 동물이 많은 에너지(ATP)를 사용하는 걸까? 작을수록 일을 많이 하기 때문인가? 그렇지 않다. 동일한 굵기의 근육이 내는 힘과 근육이 원래 길이에서 몇 퍼센트 수축하는가는 모두 동물의 크기에 관계없이 일정하다. 따라서 근육이 할 수 있는 일의 양은 부피에 비례하며, 단위부피당 근육이 할 수 있는 일도 몸의 크기에 관계없이 일정하다. 그러므로 하는 일의 차이 때문에 에너지 소비량이 다른 것은 아니다.

동물의 크기에 따라 달라지는 것은 근육의 수축 속도다. 작은 동물의 근육일수록 빠르게 수축한다. 수축 속도는 $W^{-\frac{1}{4}}$에 비례하므로, 몸집이 커질수록 근육이 천천히 수축한다. 빨리 수축하는 동물일수록 ATP를 많이 사용한다. 다시 말해서 근육의 수축 속도는 마이오신의 ATP 분해효소의 활성에 비례한다. 빠르게 수축하는 문제는 많은 에너지를 사용하는 문제와 결부되어 있다.

근세포 속에서 산소를 사용하여 ATP를 생산하는 것은 미토콘드리아다. 미토콘드리아의 성능은 동물의 크기에 따라 달라지지 않는다고 알려져 있다. 1밀리리터 부피의 미토콘드리아가 1분 동안 약 5밀리리터의 산소를 소비하며, 그에 해당하는 만큼의 ATP를 만들어낸다.

미토콘드리아의 성능이 같다면, 크기가 작은 동물일수록 미토콘드리아의 양이 많을 것으로 생각되는데, 실제로 그렇다. 골격근의 전자현미경 사진을 보면, 보통 어느 동물의 것인지 거의 분간되지 않지만, 미토콘드리아의 수만큼은 현저히 다르다. 쥐의 근육에는 미토콘드리아가 가득 차 있으나, 소의 근육에는 드문드문 들어 있다.

근세포에 산소를 공급하는 것은 모세혈관이다. 모세혈관에 있던 산소는 확산에 의해서 조직세포 속으로 들어간다. 모세혈관과 미토콘드리아의 관계도 동물의 크기에 관계없이 일정하며, 미토콘드리아 3밀리리터에 대해 1밀리리터 부피의 모세혈관이 관계하고 있다.

모세혈관과 미토콘드리아의 관계를 조금만 더 들여다보자. 모세혈관의 굵기는 동물의 크기에 관계없이 5~10미크론이므로, 미토콘드리아 1밀리리터당 13킬로미터 길이의 모세혈관이 근육 표면에 엉겨붙어 있다는 것이 된다. 산소 소비량이 많은 근육에 그만큼 많은 혈관이 있어서 수요 공급의 균형이 이루어지고 있다. 생물은 낭비가 없도록 설계되어 있는 것이다.

이번에는 산소가 체내로 들어오는 관문인 허파를 살펴보자. 허파의 부피가 산소 소비량에 비례한다면, 그것은 체중의 4분의 3제곱에 비례하게 된다. 그런데 허파가 몸속에서 차지하는 비율은 동물의 크기에 관계없이 일정한데, 무게로는 1퍼센트, 부피로는 5퍼센트다. 결국 허파의 부피는 체중에 비례한다. 산소 소비량이 $W^{\frac{3}{4}}$에 비례하고, 허파의 부피가 $W^1$에 비례한다는 것은, 몸집이 큰 동물일수록 불필요하게 큰 허파를 가지고 있다는 얘기가 된다. 그게 사실일까?

사실 위의 논의에는 불충분한 데가 있다. 단위시간에 어느 정도 부피의 기체가 교환되는가를 문제로 하여, $\dfrac{\text{부피}}{\text{호흡하는 시간}}$ 비율을 산소 소비량과 비교해야 한다. 호흡에 필요한 시간은 $W^{\frac{1}{4}}$에 비례한다. 그래서 단위시간당 허파로 들어오는 산소량은 $W^1 \div W^{\frac{1}{4}} = W^{\frac{3}{4}}$이 되어, 산소 소비량과 마찬가지로 $W^{\frac{3}{4}}$에 비례한다. 여기서도 균형이 이루어지고 있다.

이렇게 따져보면 허파, 혈관, 미토콘드리아는 각각의 단계에서 몸의 크기가 크게 변하더라도, 산소가 낭비 없이 전달되도록 설계되어 있다고 말할 수 있다.

# 9

# 기관의
# 크기

## 심장과 근육

앞장에서 허파의 무게와 부피는 개체의 체중에 비례한다는 것을 살펴보았다. 또 허파가 숨을 들이쉬고 내쉬는 시간이 체중의 4분의 1제곱에 비례한다는 사실에서, 결국 허파로 출입하는 공기의 양은 체중의 4분의 3제곱에 비례하며, 개체의 산소 소비량과 균형을 이룬다는 결론을 얻은 바 있다. 이것으로 계산은 맞아떨어지지만, 계산을 확인하는 방법은 훨씬 다양하다. 예를 들면 시간을 일정하게 두고, 허파의 부피만을 산소 소비량에 맞도록 바꾸어주는 방법으로 해도 될 듯하다. 그런데 그렇지가 않다. 동물은 일정한 방식을 갖고 있으며, 그것이 시간이든 기관의 크기든 몸의 크기에 따라 결정되는 관계를 유지하고 있는 듯하다.

동물의 경우에는 부피에 관계되는 것은 체중($W$)에 정비례($W^1$에 비례)하고, 시간은 $W^{\frac{1}{4}}$에 비례한다. 허파와 심장에서 이 관계가 성립하고 있는 것은 표 9-1에서 드러난다. 심장도 허파의 경우와 마찬가지로 무게와 부피가 모두 $W^1$에 비례하고 박동에 드는 시간은 $W^{\frac{1}{4}}$에 비례한다. 그런 까닭에 단위시간에 심장에서 내보내는 혈액의 양은 $W^1 \div W^{\frac{1}{4}} = W^{\frac{3}{4}}$이 되어 체중의 4분의 3제곱에 비례하며, 이것은 산소 소비량과 균형을 이룬다.

| | | 부피(mL) | 시간(초) |
|---|---|---|---|
| 호흡계 | 허파의 부피 | $57W^{1.02}$ | |
| | 1회 호흡 공기량 | $6.3W^{1.00}$ | |
| | 호흡 간격 | | $1.1W^{0.26}$ |
| 순환계 | 심장의 부피 | $5.7W^{0.98}$ | |
| | 심장의 박출량 | $0.74W^{1.03}$ | |
| | 심장의 박동 간격 | | $0.25W^{0.25}$ |
| | 전체 혈액량 | $76W^{1.00}$ | |
| | 혈액이 1회 순환하는 데 걸리는 시간 | | $21W^{0.21}$ |

**표 9-1** 부피, 시간, 체중의 관계(포유류, 체중 W의 단위는 킬로그램)

| 허파 | $0.011W^{0.99}$ | 부신 | $0.000273W^{0.79}$ |
|---|---|---|---|
| 심장 | $0.0057W^{0.98}$ | 갑상선 | $0.000129W^{0.92}$ |
| 혈액 | $0.069W^{1.02}$ | 뇌하수체 | $0.000030W^{0.56}$ |
| 위 + 장 | $0.053W^{1.02}$ | 간 | $0.033W^{0.87}$ |
| 골격근(총무게) | $0.45W^{1.00}$ | 신장 | $0.00732W^{0.85}$ |
| 뼈(총무게) | $0.061W^{1.09}$ | 고환 | $0.00506W^{0.72}$ |
| 뇌 | $0.011W^{0.76}$ | 유방 | $0.045W^{0.82}$ |

**표 9-2** 기관의 무게(포유류, 기관과 체중 W의 단위는 킬로그램)[*]

[*] Peters(1983)와 Calder(1984)에서 발췌

소화기관도 마찬가지다. 위와 장을 합친 소화관의 총무게는 체중에 비례하며(표 9-2), 소화관에 음식물을 최대로 채워 넣는 양도 대체로 체중에 비례한다. 장은 지그시 연동운동을 일으켜 음식물을 내려보내는데, 이러한 수축 운동의 반복 시간은 대체로 $W^{\frac{1}{4}}$에 비례하므로, 단위시간에 음식물이 장을 통과하는 양도 $W^{\frac{3}{4}}$에 비례하며, 이것 또한 에너지 소비와 균형을 이룬다.

몸 바깥에서 공기나 음식물을 끌어들이거나 그것을 몸속에서 운반하는 기관들의 무게와 부피는 체중에 정비례하고, 크기가 달라져도 몸 전체에서 차지하는 비율은 변하지 않는다. 예를 들어 포유류 허파의 무게는 체중의 1.1퍼센트이고, 심장은 0.6퍼센트, 소화관은 5.3퍼센트다. 혈액의 총무게도 체중에 비례하며 6.9퍼센트를 차지한다. 그리고 이들 기관이 반복 운동하는 시간은 $W^{\frac{1}{4}}$에 비례하며, 크기가 커질수록 운동이 느리게 일어난다.

골격근의 무게도 체중에 비례하며, 체중의 45퍼센트로 거의 몸 전체의 반을 차지하고 있다(표 9-2). 골격근은 뼈에 붙어서 뼈를 움직이는 근육이다. 근육은 몸이 어떤 자세를 유지하거나 운동을 하는 원동력으로, 우리는 근육을 갖고 있기 때문에 걷거나 무거운 물건을 들어올릴 수 있다. 골격근이 할 수 있는 일은 근육의 부피에 비례한다는 사실에서 그것이 $W^{1}$에 비례한다는 것을 알 수 있고, 수축 시간은 $W^{\frac{1}{4}}$에 비례하므로 일률(단위시간에 이루어지는 일의 양)은 $W^{\frac{3}{4}}$에 비례하게 된다. 그리고 이것도 대사율과 계산이 맞는다.

이렇게 따져보면 부피에 관계되는 것은 체중에 비례하고, 시간은 체중의 4분의 1제곱에 비례하며, 부피 변화율(단위시간 동안에 변한 부피)은 $\frac{부피}{시간}$이므로 체중의 4분의 3제곱에 비례한다고 정리할 수 있겠다.

생각을 이렇게 진전시키다 보면, 대사량은 왜 $W^{\frac{3}{4}}$에 비례하는가 하는 3장에서의 의문에도 답할 수 있을 것이다. 대사량(대사율)은 단위시간당 에너지 소비량이다. 에너지량은 음식물이나 ATP량 같은 부피 개념으로 표시되고, 시간당 대사량은 $\frac{부피}{시간}$로 표시할 수 있으므로, 체중의 4분의 3제곱에 비례하는 것은 당연하다고 해야 할지 모른다.

이것으로 대사량이 왜 체중의 4분의 3제곱에 비례하는가에 대해 해명을 한 셈인데, 그렇지만 왜 부피가 체중에 비례하고, 시간이 체중의 4분의 1제곱에 비례하는가를 해명하지 않는다면, 그저 설명을 앞으로 떠넘긴 것에 불과하게 된다. 부피가 체중에 비례한다는 것은 아마 납득이 갈 것이다. 알 수 없는 것은 왜 시간이 체중의 4분의 1제곱에 비례하는가 하는 점이다. 이점에 관해서는 다음 장에서 생각해보려 한다.


## 뇌의 크기

허파, 심장, 소화관, 근육은 주요 장기의 대부분을 차지한다. 동물의 크기가 달라져도 이들 기관이 몸 전체에서 차지하는 비율은 달라지지 않기 때문에, 포유류의 몸 구조는 크기에 관계없이 대체로 비율이 일정하다고 할 수 있다.

다만 몸무게가 느는 만큼 무게가 늘지 않는 기관이 있다(표 9-2). 뇌와 내분비기관(뇌하수체, 부신, 갑상선)이다. 신장이나 간과 같이 혈액의 조성에 영향을 끼치는 기관들도 $W$의 0.85제곱 내지 0.88제곱에 비례하고 있어서, 이들도 몸무게가 느는 만큼 무게가 늘지 않는 기관들이다.

뇌나 내분비기관은 몸의 기능을 제어하는 곳이다. 제어하는 쪽의 무게가 제어를 받는 쪽의 무게에 정비례하지 않는 까닭은 자동차 열쇠를 생각해보면 대충 짐작이 갈 것이다. 적재 용량 10톤짜리 덤프트럭의 열쇠가 적재 용량 200킬로그램짜리 경자동차 열쇠의 50배나 클 필요는 없다. 큰 엔진이든 작은 엔진이든 다 비슷한 크기의 열쇠로 시동을 걸거나 끌 수 있다.

하나의 기능을 제어하는 데는 크기에 관계없이 하나의 제어계만 있으면 되는 경우가 많다. 커다란 덤프트럭이라 해서 핸들이 두 개 있는 것도 아니다. 제어계 자체의 크기는 차의 핸들처럼 제어되는 대상의 크기에 따라 커지는 것도 많지만, 그렇다고 해서 덤프트럭의 핸들이 경차 핸들의 50배나 되지는 않으며, 차의 열쇠처럼 대체로 크기에 관계없는 것도 있다. 한편 동물들의 신체 기능의 수는 크기가 커지면 나름대로 늘어나겠지만, 이것도 크기에 정비례하여 늘지는 않는다. 따라서 제어계의 총무게는 신체의 크기만큼 늘지 않는다고 할 수 있다.

제어 기관을 대표하는 것은 뭐니 뭐니 해도 뇌다. 포유류의 뇌는 체중의 3분의 2제곱에 비례한다고 이야기되어왔다. 3분의 2제곱이면 그것이 표면적에 비례함을 의미한다. 뇌는 외부세계에서 들어오는 정보를 처리하고 판단하며, 그에 대응하여 적절한 행동을 취하도록 운동계에 명령을 내리는 것을 주요 임무로 한다. 외부세계에서 들어오는 정보는 모두 몸의 표면을 통하여 체내로 들어오므로, 정보량은 몸의 표면적에 비례할 것이다. 처리해야 할 정보량에 비례하여 뇌도 커지므로, 뇌는 몸의 표면적에 비례하여 커진다는 것이 10년 전까지의 설명이었다.

그런데 그 후, 뇌와 체중의 관계를 주의 깊게 재검토해본 결과, 뇌의 무게는 체중의 3분의 2제곱이 아니라 대략 4분의 3제곱에 비례한다는 사실이 드러났다. 결과가 왜 그렇게 바뀌었을까? 그것은 뇌의 발육 방식이 다른 기관들의 발육 방식과 현저히 다르기 때문이다.

알로메트리 분야에서는 여러 종류의 야생동물을 잡아다가 연구 자료를 수집하는 경우가 많다. 이때 야생동물의 나이를 산정하는 일은 매우 어렵기 때문에 자연히 나이와 무관하게 자료를 수집하기 쉬운데, 그렇게 하다가는 미숙한 개체와 성숙한 개체도 구별하지 않은 채 자료를 수집하게 된다.

개체가 생장함에 따라 각 기관의 무게도 체중에 맞게 커진다면, 그런 방법도 그다지 문제를 일으키지 않을 것이다. 실제로 대부분의 기관은 신체의 발육과 함께 커간다. 그런데 뇌는 그렇지 않다. 뇌는 어린 단계에서 발육이 끝나버리기 때문에, 그 후로는 신체가 생장하여 커가더라도 뇌의 크기는 그다지 변하지 않으며, 거의 일정하게 유지된다. 그러므로 뇌와 체중의 관계를 조사한다고 하여, 여러 생장 단계의 개체들을 잡아다가 계측을 하고 그것을 기초로 다양한 종을 비교해보아도 의미 있는 관계가 나오기는 어렵다. 이런 점을 고려하여 체중의 생장이 끝난 성체에 대한 자료만을 사용하여 뇌의 무게와 체중의 관계를 재검토해본 결과, 당시까지 인정되고 있던 체중의 3분의 2제곱이 아니라, 대체로 4분의 3제곱에 비례한다는 결과가 나온 것이다.

4분의 3제곱에 비례한다는 것은 대사량에 비례함을 의미한다. 그로부터 어미의 대사율이 태아에게 영향을 주어 뇌의 크기를 결정한다는 주장이 나왔다. 뇌가 발육의 초기 단계에서 완성된다면, 태아기 및 수유기의 어미의 대사율이 새끼의 뇌 크기에 결정적인 영향을 준다는 것은 충분히 생각해볼 수 있는 일이다.

그러나 이 설에 대해서는 즉각 반론이 제기되었다. 만일 어미의 대사율이 뇌의 크기를 직접 결정한다면, 대사율이 높은 종에서는 당연히 뇌의 크기도 그에 비례하여 커져야 한다. 그런데 그렇지 않다. 대사율이 체중의 4분의 3제곱에 비례한다는 것은 평균적으로 그렇다는 이야기로, 개중에는 평균치에서 약간 벗어나는 것들도 있다. 예를 들면 밍크나 사향쥐처럼 추운 지방에서 사는 소형 포유류는 몸의 크기로 예측되는 결과보다 훨씬 높은 대사율을 나타내지만, 그들의 뇌는 결코 평균치보다 무겁지 않다. 또한 통상적으로 땅에서 생활하는 동물에 비해 나무 위에서 생활하는 동물의 뇌가 더 크다. 가령 다람쥐과 중에서 주로 나무에서 생활하는 다람쥐와 주로 땅에서 생활하는 다람쥐를 비교해보면 뇌의 무게 차이가 대사율의 차이보다 크다.

이런 사실들 때문에 대사율이 뇌의 크기를 직접 결정한다는 학설은 부정되고 있다. 그럼 뇌의 크기가 대사율에 비례하는 것처럼 보이는 것은 단순히 우연의 일치일까? 아니면 직접적이지는 않더라도 둘 사이에 뭔가 인과관계가 존재하는 걸까? 현재로서는 해답이 나오지 않고 있다.

누군가가 3분의 2제곱이라고 하면 갑자기 표면적과 정보량을 관련시켜서 그럴듯한 설명을 하는가 하면, 4분의 3제곱에 비례한다고 하면 어느새 대사율과 관련시킨 학설이 제출된다. 실로 과학은 좋게 말하면 단순 명쾌하고, 나쁘게 말하면 지조가 없다. 하지만 이런 면이 과학의 바람직하고 든든한 점이다.

여기서 주의해야 할 것은 단순 명쾌함을 추구한 나머지 의식적이든 무의식적이든 사실을 왜곡해버릴 위험이 있다는 사실이다. 뇌의 무게 문제만 해도, 뇌와 표면적 및 정보량을 관련시킨 설명이 너무나 매력적이라 3분의 2제곱이 참인 듯이 믿게 만들며, 현실에서 얻은 측정값을 어떻게든 '참값'에 가깝게 하려고 자료를 자의적으로 취사선택한 면이 있다. 아무쪼록 단순화와 추상화가 지니는 매력과 마력에는 주의해야 한다.

# 골격계

동물의 몸에서 체중 이상으로 무게가 증가하는 부분이 있다. 뼈다(표 9-2). 쥐의 뼈는 연약해 보이는 반면에 박물관에 있는 코끼리의 골격은 상당히 뼈세다. 골격계는 몸을 지탱하는 역할을 하므로 코끼리처럼 무거운 몸을 지탱하려면 뼈가 뼈센 것은 당연해 보인다.

코끼리의 골격이 '뼈세' 보이는 데에는 두 가지 이유가 있는 듯하다. 코끼리의 골격 표본을 살펴보면 몸 전체에서 뼈가 몹시 많은 공간을 차지한다. 즉 뼈의 양이 많다. 이것이 코끼리의 골격이 뼈세 보이는 한 가지 이유이다. 또 뼈의 모양도 다르다. 길이에 비해 지름이 커서 굵고 짧은 투박한 느낌을 주는데, 이것이 경쾌해 보이지 않고 뼈세 보이는 또 하나의 이유다.

체중 때문에 짜부라지지 않으려면, 뼈의 길이와 굵기가 어떤 관계여야 하는지 다리뼈를 가지고 생각해보자.

몸길이가 3배로 늘어났다고 하자. 몸의 길이와 폭, 그리고 높이까지 모두 3배로 늘어났다고 해보자. 그럴 경우 체중은 길이의 세제곱에 비례하므로, 27배가 된다. 다리가 지탱할 수 있는 무게는 다리의 단면적에 비례하므로, 단면적도 그만큼 늘어나야 한다. 단면적은 지름의 제곱에 비례하기 때문에 단면적이 27배가 되려면 지름은 5.2배($\sqrt{27}=5.2$)가 되어야 한다. 다리의 길이를 비롯한 몸의 각 부분을 모두 3배 길이로 하려면, 다리의 굵기는 훨씬 많은 5.2배로 해야 한다는 계산이 나온다.

결국 완전히 똑같은 모양을 유지한 채(기하학적으로 닮은꼴을 유지한 채), 크기가 몇 배로 늘어난다는 것은 매우 어려운 일이라는 것을 알 수 있다. 아무래도 다리뼈나 등뼈같이 체중을 지탱하는 구조물은 길이보다 굵기가 더 증가해 짧고 굵은 모양이 된다. 코끼리의 다리는 영양의 다리처럼 날씬할 수가 없다.

물론 육중한 체중을 지탱할 수 있도록 뼈의 성질을 개선하여 훨씬 강한 뼈를 만든다면, 코끼리 다리도 날씬할 수 있을 것이다. 단층집은 목조로, 고층 빌딩은 철골로 세우는 경우가 많은데, 이렇게 건축 재료를 바꿈으로써 기둥의 굵기를 바꾸지 않고 높은 건물을 지을 수 있다.

하지만, 동물들은 그런 방법을 쓰지 않는다. 몸집의 크기가 다른 동물들의 뼈의 강도를 측정해보니, 단위면적당 뼈의 파괴 강도가 동물들의 크기에 관계없이 거의 일정했다. 포유류의 뼈는 인산칼슘의 결정과 콜라겐이라는 단백질 섬유로 되어 있으며, 동물의 종류에 따라 뼈의 성분이 달라지는 것 같지는 않다.

또한 뼈 말고 다른 더 강한 재료를 사용해도 좋을 텐데 그렇게도 하지 않는다. 뼈라는 동일한 재료를 써서 골격계를 만드는 것은 척추동물의 숙명이자 진화상 이들에게 가해진 제약이다. 결국 큰 것이든 작은 것이든 같은 건축 재료를 사용하는 까닭에, 몸집이 큰 동물은 기둥의 형태를 바꾸어 아주 굵게 만든다. 그래서 크기가 증가하면 길이에 비해 굵고 퉁퉁한 다리를 만들 수밖에 없다.

다시 정리해보자. 뼈의 무게는 뼈의 단면적에 뼈의 길이를 곱한 것에 비례한다. 뼈의 단면적은 그것이 지탱해야 하는 체중(W)에 비례하고, 뼈의 길이는 몸의 길이에 비례하므로 $W^{\frac{1}{3}}$에 비례하게 된다.

뼈의 무게 $\propto$ 뼈의 단면적 $\times$ 뼈의 길이 $\propto W \times W^{\frac{1}{3}}$

$$= W^{\frac{4}{3}} = W^{1.33}$$

요컨대 뼈의 무게는 체중의 3분의 4제곱, 즉 $W^{1.33}$에 비례한다. 이는 동물의 몸집이 커지면 뼈의 무게는 체중보다 훨씬 빠르게 늘어나, 큰 동물일수록 몸 전체에서 뼈가 차지하는 비율이 커진다는 뜻이다.

큰 동물에서는 몸 전체에서 뼈가 차지하는 비율이 크므로, 뼈의 모양 자체가 동물의 전체 모양에 보다 강하게 반영된다. 코끼리가 뭉툭하고 퉁퉁해 보이는 이유는 다름 아닌 골격계의 뭉툭함이 체형에 그대로 반영되고 있기 때문이다.

여기까지는 이론적으로 따져본 것이다. 그럼 실제 동물들에서는 어떨까? 사람은 뼈가 체중의 15퍼센트를 차지한다. 사람보다 훨씬 큰 코끼리(체중 3톤)는 20퍼센트 이상, 훨씬 작은 가시두더쥐(체중 3킬로그램)는 겨우 3.5퍼센트여서, 역시 큰 동물일수록 몸 전체에서 골격계가 차지하는 비율이 크다.

다만 모두 예측대로 들어맞는 것은 아니다. 조금 전의 이론적 예측에서는 골격계의 무게가 체중의 1.33제곱에 비례한다고 했다. 그러나 실제로는 1.09제곱에 비례한다(표 9-2). 체중의 증가 정도보다 골격계 무게의 증가 정도가 큰 것은 사실이지만, 이론적 예측만큼 크게 증가하는 것은 아니다.

예측 방법에 잘못된 점이 있는 걸까? 지금까지는 골격계의 기능에 대해 동물이 자기의 체중 때문에 짜부라지지 않도록 지탱하는 기능만을 생각해왔다. 그러나 골격계에는 외부로부터 가해지는 힘이나, 운동할 때 내는 힘으로 몸이 파괴되거나 찌그러지지 않도록 자세를 견고하게 유지하는 기능도 있다. 뼈에게는 그냥 정지한 상태에서 지그시 덮어 누르는 체중보다는 달리거나 뛰어오르거나 구르거나 부딪쳐서 받는 충격이 훨씬 감당하기 벅찬 일이기 때문에, 체중을 지탱하는 경우만을 고려한 예측이 그렇게 딱 들어맞지 않는 것은 어쩌면 당연한 일인지도 모른다.

충격력도 물론 크기와 무관하지 않다. 달리면서 구르는 경우를 생각해보자. 달릴 때 지니고 있던 운동에너지가 충격에너지로 변환되기 때문에 충격에너지는 $\frac{1}{2}$(질량×속도$^2$)이 된다. 질량은 체중에 비례하고, 달리는 속도는 대략 몸 길이에 비례하므로, 충격에너지는 체중의 3분의 5제곱에 비례할 것이다. 한편, 몸은 변형을 일으켜 충격에너지를 변형에너지strain energy의 형태로 흡수한다. 만약 크든 작든 몸이 모두 같은 재료로 이루어져 있다고 가정하면, 단위부피당 몸이 흡수할 수 있는 에너지는 크기에 관계없이 같을 것이므로, 동물이 흡수할 수 있는 변형에너지의 총량은 몸부피(체중)에 비례하게 된다.

충격에너지는 체중의 3분의 5제곱에 비례하고, 변형에너지는 체중에 비례한다. 따라서 몸이 커지면 커질수록 체중의 3분의 2제곱에 비례하는 여분의 변형에너지가 몸에 걸리게 되어, 이것을 어떻게든 흡수하지 않으면 안 된다. 단위부피당 변형에너지는 '변형의 크기÷응력應力'이다. 따라서 변형을 크게 하여 몸이 와장창 크게 부서지거나, 부서지는 게 싫으면 뼈의 양을 늘려서 커다란 응력(단위면적당 힘)으로 견뎌내게 해야 한다. 와장창 크게 부서지는 것은 아무래도 바람직하지 않다. 크기가 달라져도 변형의 최대 비율은 그다지 변하지 않는다면, 변형은 일정한 것이 되기 때문에, 견뎌낼 응력이 체중의 3분의 2제곱에 비례하여 커지는 수밖에 없다. 따라서 앞에서의 계산보다 뼈가 훨씬 더 굵어지지 않으면 안 된다. 골격계의 무게는 체중의 3분의 5제곱, 즉 $W^{1.67}$에 비례해야 한다는 결과가 나온다.

그런데 실제 동물들에서는 그렇지 않다. 골격계의 무게는 체중의 1.09제곱에 비례한다(표 9-2). 체중이 증가하는 수준 이상으로 증가하기는 해도, 그렇게 극단적으로 심하게 증가하지는 않는다.

그 이유는 대체로 이렇게 추정된다. 고양이 정도가 포유류의 표준적인 크기라고 해보자. '섬의 규칙'(2장)에 미루어 보아도 무방할 것이다. 고양이(5킬로그램)의 골격계는 체중의 7퍼센트를 차지한다. 이를 기준으로 하여, 만약 최초의 예측대로 골격계의 무게가 체중의 1.33제곱에 비례하여 증가한다고 보면, 어떻게 될까? 체중을 600킬로그램(말 크기)까지 크게 하면 체중의 34퍼센트가 골격계의 무게가 되고, 체중을 10.8톤(기네스북에 올라 있는 세계에서 가장 큰 아프리카코끼리의 크기)까지 크게 하면 아예 몸의 88퍼센트가 뼈로 채워진다는 계산이 나온다. 뼈로 된 괴물이 아니고는 있을 수 없는 일이다.

건물을 지을 때 기둥은 실제로 걸리는 힘보다 몇 배나 큰 힘에 견딜 수 있는 것을 사용한다. 만일의 경우에 대비한 안전책이다. '필요한 최저한도보다 몇 배 큰 힘에 견딜 수 있는가'를 안전계수라고 한다. 작은 동물에서는 이 안전계수가 상당히 크다. 몸집이 큰 동물에서는 안전계수를 희생하여 몸 전체에서 뼈가 차지하는 비율이 작아지도록 억제함으로써, 다른 장기가 들어갈 공간을 확보하고 있는 형편이다. 결국 작은 동물들은 골격계의 강도에 상당한 여유가 있지만, 큰 동물이 될수록 강도에 여유가 없어진다.


"말이 깊은 구덩이에 떨어지면 바닥에 부딪히면서 크게 다치지만, 생쥐는 떨어져도 바닥에서 팔팔하게 움직인다고 홀데인의 책에 쓰여 있던데요?"

점심 때 그에 관한 화제가 나왔다.

"그래요?"

슈미트-닐센은 믿을 수 없다는 표정이다. 갑자기 보겔이 칠판에 대고 계산을 하기 시작했다.

"바닥에 부딪칠 때의 응력은 체중의 3분의 1제곱에 비례하니까, 체중이 몇십 그램이라면 괜찮겠는데요."

"그럴 리가 있나?"

슈미트-닐센은 아직도 믿을 수 없다는 표정이다.

"그럼 어디 해볼까요?"

보겔은 듀크대학교의 동물학 교실 건물의 옥상(분명히 6층인 것으로 기억한다)으로 올라가서, "자, 갑니다!" 하고 생쥐를 떨어뜨렸다. 쥐는 아래의 구경꾼 앞에 있는 돌에 떨어져서, 잠시 눈을 깜박깜박하더니 곧장 달아났다. 예측이 실험으로 증명된 것이다.

생쥐(30그램) 정도는 옥상에서 뛰어내려도 괜찮다. 사람이 뛰어내린다면 자살행위가 되니까 아무도 그런 짓을 함부로 하지는 않는다. 큰 동물들은 골격계의 강도에 여유가 없어 신중하게 행동한다.

자세도 몸의 크기에 따라 변한다. 쥐나 고양이를 보면 알 수 있듯이, 작은 동물은 다리를 구부려서 걷는다. 이는 날쌔게 돌진하기에 좋은 자세이다. 야구에서 내야수가 무릎을 구부리고 허리를 낮추어 수비하는 것도 이 때문이다. 다만 이런 자세로는 다리뼈에 휘는 힘이 작용한다. 한편, 큰 동물은 다리를 똑바로 펴서 체중을 지탱한다. 뼈는 압력에는 강하나 휨에는 상대적으로 약하기 때문에, 큰 동물들은 민첩성을 희생하는 대신 골절의 위험을 줄이는 자세를 취하고 있는 것이다.

큰 동물의 골격계를 작은 동물의 것과 똑같은 것으로 취급하면 심각한 문제가 생긴다. 체중 100그램까지의 동물은 어지간한 높이에서는 떨어져도 괜찮으며, 1톤까지는 갤럽gallop(말의 가장 빠른 뜀질―옮긴이)으로 뛰어다녀도 다리가 부러지지 않는다. 그러나 코끼리는 뛰어 건너거나 뛰어오르지 않으며, 움직일 때에도 한 걸음 한 걸음 다리를 신중하게 옮긴다. 그 정도로 신중을 기해도 골절의 위험은 상당히 있어 보이며, 코끼리를 해부하여 다리뼈를 조사해보면 골절되었다가 나은 흔적을 여러 군데서 발견할 수 있다.

**10**

# 시간과
# 공간

## 생리적 시간과 탄성닮음 모형

앞장에서 살펴본 것처럼 동물의 크기가 변하면 뼈의 모양도 변한다고 볼 수 있다. 큰 동물의 뼈는 상대적으로 굵고 짧다. 이것은 이미 갈릴레이가 예측한 사실이다. 그 비율이 어떻게 변한다고 하면 좋을까?

네발동물들의 모습을 떠올려보자. 긴 등뼈를 앞다리와 뒷다리로 지탱하고 있다. 앞쪽에는 머리가 달려 있다. 따라서 몸을 하나의 구조물로 본다면, 대충 수평의 가늘고 긴 막대를 양끝에서 떠받치고 있는 모습이다.

양끝이 떠받쳐진 막대는 자기의 무게 때문에 반드시 얼마쯤은 휘게 마련이다. 막대처럼 가늘고 긴 탄성체를 엔지니어들은 '보'라고 부르며, 보의 휨은 보 이론을 이용하여 간단히 계산할 수 있다. 보가 휘는 정도는 보가 길수록 커진다. 상당한 정도로 휘면 배가 아래로 축 늘어져 보기에 안 좋다. 동물의 몸은 휘는 정도가 어느 한도를 넘지 않도록 상대적인 휘는 양(휘는 정도를 막대의 길이로 나눈 값)이 일정하다고 가정할 수 있을까? 결론만 얘기한다면 상대적인 휘는 양을 일정하게 하려면, 보의 지름이 길이의 2분의 3제곱에 비례해야 한다.

똑같은 결론은 이렇게 해도 나온다. 하나의 막대를 이번에는 수직으로 세워보자. 굵기를 바꾸지 않은 채 막대의 길이를 무조건 길게 할 수는 없다. 길어지다 보면 자기의 무게만으로도 구부러져버리기 때문이다. 이런 구부러짐을 좌굴挫屈(주저앉음)이라 한다. 좌굴이 일어나는 한계 길이는 막대의 굵기에 따라 결정되며, 한계 길이는 지름의 3분의 2제곱에 비례한다(거꾸로 말하면 지름은 길이의 2분의 3제곱에 비례한다). 따라서 만약 동물의 뼈가 좌굴을 일으키지 않는 한계 길이로 유지되려면, 뼈의 지름이 길이의 2분의 3제곱에 비례해야 한다.

굵기가 길이에 정비례하는 것을 기하학적 닮음geometric similarity이라고 한다. 그런 경우에는 크기가 변하더라도 전체 비율에는 변화가 없다. 이와 달리 크기가 변하면 비율이 달라지고, 굵기가 길이의 2분의 3제곱에 비례하여 굵어지는 것을 탄성닮음elastic similarity이라고 한다. 탄성체(용수철처럼 변형되었다가도 본래 모양으로 되돌아오는 성질을 지닌 물체)로 된 물체의 크기를 변화시키는 경우, 자기의 무게 때문에 모양이 부서지는 일이 없도록 굵기와 길이의 비가 달라지는 것이 탄성닮음이다. 탄성닮음인 경우 굵기는 길이의 2분의 3제곱에 비례한다. 이때 체중은 다음과 같이 길이의 4제곱에 비례한다.

$$\text{체중} \propto \text{굵기}^2 \times \text{길이} \propto (\text{길이}^{\frac{3}{2}})^2 \times \text{길이} = \text{길이}^4$$

바꾸어 말하면, 길이는 무게의 4분의 1제곱에 비례한다(기하학적 닮음인 경우 길이는 무게의 3분의 1제곱에 비례함에 주의할 것).

동물의 몸에서도 탄성닮음이 성립한다고 가정해보자. 그렇게 하면 이 책의 첫머리에서 기술한 시간과 크기의 관계를 설명할 수 있다.

동물의 시간은 체중의 4분의 1제곱에 비례한다. 크기가 커짐에 따라 시간도 길어진다. 시간의 알로메트리 식을 표 10-1에 실어두었다. 그런데 어찌하여 시간은 체중의 4분의 1제곱에 비례하는 걸까? 그 이유가 궁금하다. 하버드대학교의 토머스 A. 맥마흔Thomas A. McMahon이 이 수수께끼에 도전한 바 있다.

신체가 탄성체로 되어 있다고 하자. 용수철을 서로 연결시켜 만든 장난감 말을 머릿속에 떠올려보자. 이것을 손가락으로 눌러 놓아두면, 따각따각 하고 진동하게 된다. 이때 진동의 주기는 얼마일까? 더 단순하게 용수철 하나로 한정해보자. 용수철을 손으로 잡아당겼다가 놓으면 용수철이 진동한다. 진동 주기는 용수철의 길이에 비례한다. 여기서 이 용수철에 탄성닮음이 성립한다고 하면, 용수철의 길이는 용수철 무게의 4분의 1제곱에 비례하므로, 주기(시간)는 무게의 4분의 1제곱에 비례하게 된다(증명 끝).

| | |
|---|---|
| 수명(사육한 것) | $6.10 \times 10^6 W^{0.20}$ |
| 98% 크기에 도달하는 시간 | $6.35 \times 10^5 W^{0.26}$ |
| 50% 크기에 도달하는 시간 | $1.85 \times 10^5 W^{0.25}$ |
| 개체군의 개체수가 2배로 되는 시간 | $3.16 \times 10^5 W^{0.26}$ |
| 임신 기간 | $9.40 \times 10^4 W^{0.25}$ |
| γ-글로불린의 1/2 수명 | $8.42 \times 10^2 W^{0.26}$ |
| 지방을 대사하여 다 사용하는 시간<br>(체중의 0.1% 무게인 지방) | $1.70 \times 10^2 W^{0.26}$ |
| 장의 연동운동 시간 | $4.75 \times 10^{-2} W^{0.31}$ |
| 호흡 간격(호흡 주기) | $1.87 \times 10^{-2} W^{0.26}$ |
| 심장의 박동 간격(심박 주기) | $4.15 \times 10^{-3} W^{0.25}$ |
| 근육이 수축하는 시간 | $3.17 \times 10^{-4} W^{0.21}$ |

**표 10-1** 시간의 알로메트리 식 (포유류. 시간은 분. 체중 W는 킬로그램)[*]

[*] Lindstedt & Calder(1981)에서 발췌

신체는 용수철처럼 왔다 갔다 진동하며, 동물의 시간은 그 주기에 맞추어 흐른다는 것이 탄성닮음 용수철 모형이다. 실로 명쾌하다. 그러나 동물을 용수철 진자로 간주하는 이 모형은 명쾌하긴 하나 지나치게 단순하며, 현실과 동떨어진 느낌이 없지 않다. 맥마흔은 머리가 좋은 사람이어서, 점점 더욱 현실감 있는 모형을 고안해내고 있는데, 그중 하나만 소개해보겠다.

동물이 달라도 대응하는 근육이 낼 수 있는 최대 응력은 일정하다고 한다. 장딴지 근육을 예로 들면, 고양이나 개나 사람이나 코끼리나 단위단면적당 근육이 낼 수 있는 최대의 힘은 모두 같

다는 것이다. 이러한 사실과, 신체의 비율이 탄성닮음이라는 가정을 결합시키면, 시간은 체중의 4분의 1제곱에 비례한다는 결과가 도출된다(부록 4). 맥마흔은 다양한 크기의 소 다리뼈를 조사하여, 뼈의 지름과 길이 사이에 탄성닮음이 성립한다고 보고했다. 맥마흔의 탄성닮음설이 나오자, 알로메트리의 수수께끼는 단숨에 해결된 듯이 보였다. 1973년의 일이다.

이것을 계기로 맥닐 알렉산더를 비롯한 많은 사람이 뼈의 지름과 길이의 관계를 조사하기 시작했다. 정말로 탄성닮음이 성립하는 걸까? 맥마흔이 조사한 소 무리에서는 확실히 탄성닮음이 성립했다. 하지만 그것은 예외였고, 다른 포유류나 조류에서는 그렇지가 않았다. 탄성닮음보다는 오히려 기하학적 닮음에 가까운 관계가 성립한다는 결론이 난 것이다. 이렇게 되면 유감스럽지만 맥마흔의 명쾌한 설명도 받아들일 수 없다. 현재로서는 시간이 체중의 4분의 1제곱에 비례하는 데 대한 그럴 듯한 설명이 없다.

## 시간과 공간의 상호관계

동물에서는 시간이 체중의 4분의 1제곱에 비례한다. 몸길이의 4분의 3제곱에 비례한다고 해도 된다. 나는 이것이 대단히 중요한 사실이라고 생각한다.

학교에 들어가서 사상 처음 배운 것 중 하나는, 시간은 시계로 재기 때문에 배가 고프다고 제멋대로 점심을 먹어서는 안 된다는 것이었다. '스스로 어떻게 생각하고 느끼는가'와는 관계 없이 결정되는 시간이라는 게 있어서, 인간만이 아니라 곤충과 꽃, 짐승, 무기물까지도 모두 따를 수밖에 없는 것이다. 그런 초월적 절대자가 바로 시간이라고 철저하게 교육받았다. 수업 시작종은 왠지 모르게 권위의 울림 같았다.

그런데 동물학에서는 시간이 결코 유일하고 절대 불변인 것이 아니라고 가르쳐준다. 동물에는 동물의 크기에 따라 다르게 가는 각자의 시계가 있고, 우리의 시계로 다른 동물의 시간을 단순하게 측정할 수는 없다.

동물에서는 시간이 몸길이의 4분의 3제곱에 비례한다. 동물은 그렇게 디자인되어 있다고 해도 좋다. 동물에는 진화의 역사 속에서 완성된 기본적인 설계도가 있고, 그 설계 원리의 하나는 여기서 밝히고 있는 몸길이와 시간의 관계다. 길이는 공간의 단위이므로 이 관계는 시공이라는 존재의 근본과 관련되는 디자인이다. 그러므로 이것을 '동물의 근본 디자인'이라 해도 좋을 것이다. 그만큼 근본적인 것임에도 이 디자인에 관해서는 아직 그다지 많은 사람들에게 인식되어 있지 않고, 또 그렇게 디자인된 이유도 분명치 않다. 이 '근본 디자인'의 동물학적 의의를 진지하게 살펴볼 필요가 있다.

응용 분야에서도 이 디자인을 알고 있으면, 뭔가 달라질 것이다. '생물다움'을 고려해야 할 때는 이 디자인을 잊어서는 안 된다. 지금까지 동물과 비슷한 로봇을 만들 때, 걷는 속도를 몸길이에 적합하도록 결정한 경우가 과연 있었을까? 물론 그렇게 하지 않아도 로봇은 작동할 것이다. 하지만 동물의 근본 디자인을 고려하면 지금껏 깨닫지 못한 새로운 사실을 발견할 수 있을 것이다. 로봇의 성능이 제대로 됐는지 어떤지는 나로선 전혀 알 수 없다. 그래서 로봇의 성능에는 아무 변화가 없을지라도, 크기를 고려함으로써 그것을 사용하는 인간의 입장에서는 궁합이 맞고 친밀감이 있는 로봇이라고 느끼는 심리적 효과를 얻을 수 있으리라는 생각이 든다. 인간의 몸에는 막연하게나마 크기에 대한 감각이 갖추어져 있는 게 아닐까? 큰 집을 지었는데 금세 무너져버렸다면 아무래도 단념하기가 어렵겠지만, 작은 집일 경우에는 뭐 어쩔 수 없지 하고 좀더 쉽게 체념할 수 있는 것도 그런 감각과 관계 있다는 생각이 든다.

시간이 몸길이의 4분의 3제곱에 비례한다는 것은, 길이는 공간의 단위이므로 동물에게는 시간과 공간이 어떤 일정한 상관관계를 갖고 있음을 의미한다. 이러한 시공의 상관관계에 대해 생각해보자.

7장에서 언급한 레이놀즈 수를 떠올려보자. 새로 비행기를 만들 때에는 먼저 설계도에 따라 실물의 축소 모형을 만들고, 풍동에서 성능 시험을 한다. 실물과 크기가 달라지면 당연히 주위의 공기 흐름 및 기체에 걸리는 힘도 달라지기 때문에 축소 모형으로는 실험해봤자 소용이 없다고 생각할 수 있다. 하지만 모형의 길이에 맞게 풍동의 공기 속도를 조절하여 레이놀즈 수를 실물과 같게 해주면, 모형 주위의 공기 흐름도 실물 주위의 공기 흐름과 같아진다고 한다. 그래서 모형 실험이 가능하다. 레이놀즈 수는 관성력과 점성력의 비였다(7장). 이 비를 같게 하면 크기가 달라져도 기하학적 닮은꼴 물체 주위의 흐름은 같은 상황이 되고, 물체의 여러 부분에 작용하는 힘의 상대적인 크기는 물체의 크기에 관계없이 같아진다. 이러한 것을 '역학적 닮음dynamic similarity'이라 한다.

레이놀즈 수는 '길이×속도'에 비례한다. 속도에는 시간 요소가 들어 있다. 레이놀즈 수가 같으면 물체가 처하는 상황이 크기에 관계없이 같아진다는 사실은, 유체역학의 세계에서도 시간과 공간이 서로 관련되어 있음을 의미한다. 레이놀즈 수가 크기와 시간을 연결해주고 있는 것이다.

생물에서도 레이놀즈 수에 해당하는 것을 찾아낼 수 있을까? 그런 것이 있다면 몸집의 크기가 다른 것이라도 그 값을 같게 해서, 시간 요소 같은 것을 바꾸지 않고도 비교할 수 있을 것이다. 그런 관계식을 찾아낼 수 있을까? 다시 말해서 역학적 닮음에 대응하는 어떤 상관관계를 찾아낼 수 있을까?

동물은 움직인다고 해서 동물이라 하며, 움직이는 것이 바로 가장 동물다운 성질이다. 그러므로 활동에 기초하여 동물의 디자인이 결정되었을 가능성이 높다. 활동을 이해하려면 시간과 공간, 힘을 따져보아야 한다. 크기(공간)가 달라지면 시간과 힘이 모두 어떤 관계에 따라 변할 것이다. 다시 말해, 어떤 닮음 관계가 존재할 것이다. 크기가 a배로 변하면 시간은 b배, 힘은 c배로 된다고 보고 a, b, c의 관계를 구하여(즉 닮음 관계를 구하여) 레이놀즈 수에 대응하는 것을 도출해내려 한 것이 바로 앞서 소개한 맥마흔의 탄성닮음 모형이다. 유감스럽게도 아직까지는 그런 시도가 성공한 적이 없는데, 한번 진지하게 씨름해볼 가치가 있는 과제라고 본다.

인간은 존재를 3차원 공간과 시간에서 인식한다. 이때 마치 당연한 것처럼 시간축은 공간축과는 독립된 것으로 취급되는데, 갑자기 동물에서는 시간과 공간이 상관관계를 갖고 있다고 하면 이상한 생각이 들 것이다. 하지만 차분하게 생각해보자. 역학적 닮음처럼 '닮음' 개념을 도입하면 시간과 공간은 분명히 어떤 관계를 갖게 된다. 따라서 그다지 이상하게 생각할 필요도 없다.

'닮음'에 대해 한마디 덧붙여둘 게 있다. 인간은 닮음이라는 성질에 기대지 않고는 자연을 이해할 수 없는 게 아닌가 싶을 때가 있다. 자연과학은 자연 속에서 패턴(닮은꼴)을 찾아내는 작업은 아닐까? 만일 그런 거라면 시간과 공간은 언제나 상관관계를 갖는다고 보는 것이 훨씬 실제적이다.

동물을 잘 이해하려면 시간, 공간, 힘이라는 세 가지 요소에 대한 감각이 있어야 한다. 그런데 사람은 시각 주도형 생물이다.

공긴 인식은 발달되어 있어 크기가 다른 생물이 있다는 것은 잘 알고 있다. 하지만, 시간 감각은 잘 발달해 있지 않다. 자기의 시간조차 시계를 봐야 겨우 알 정도이다.

사람은 거의 눈에 의지하여 살고 있고, 눈을 통하여 주변 세계를 머릿속에서 재구성한다. 감각이 도달하지 않는 사상事象들에 대해서는, 가령 외부세계에 존재하고 있어도, 사람의 머릿속 세계에는 그런 것들이 존재하지 않는다. 물론 사람에게도 시간 감각이 어느 정도는 있다. 머릿속에서 재구성된 세계에는 시간축이 분명히 존재하지만, 사람의 시간 감각은 외부의 시간을 민감하게 알아차릴 정도는 아닌 것 같다. 그 때문에 대개 머릿속의 시간축은 자기에게만 고유할 뿐이다. 사람은 시간에 관해서는 외부에 대해 갇힌 존재라고 할 수 있을 것이다. 그러기에 시간이 절대 불변이라고 믿는 것이리라. 사람이 시간 감각이 훨씬 잘 발달한 생물이었다면 대상에 따라 각각의 시간축을 설정할 수 있고, 세계를 훨씬 다른 '눈'으로 '보았을' 것이다. 시간과 공간의 관계식도 쉽게 '발견'해냈을 것이다.

그러나 사람에게 시간 감각이 전혀 없는 것은 아니다. 부족한 부분은 '상상력'으로 보충하고, 다양한 생물의 시간축을 머릿속에서 그려가면서 다른 생물과 조화해가는 것이 지구를 지배해온 사람의 책임이 아닐까? 이러한 상상력을 계발하는 것이 동물학자의 사명이라고 생각한다.

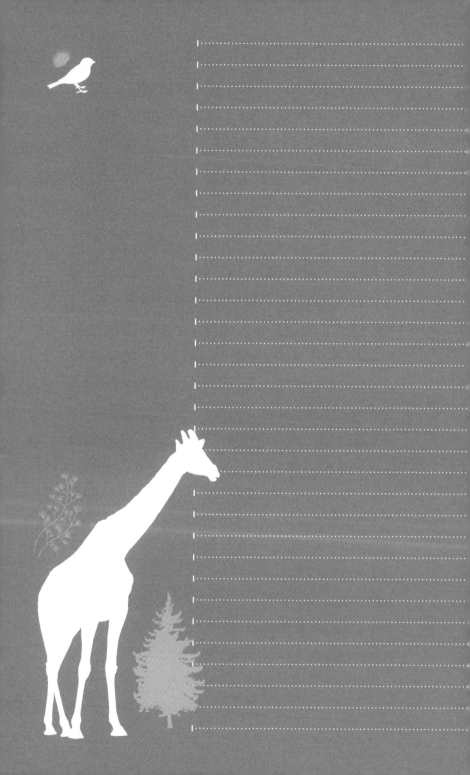

**11**

# 세포의
# 크기와
# 생물의
# 건축법

## 세포의 크기

먼저 소박한 질문을 하나 해보자. 덩치가 큰 코끼리는 세포도 클까? 아니면 코끼리나 쥐나 모두 세포의 크기는 같을까? 답은 '같다'이다. 코끼리는 몸집이 큰 만큼 세포 수가 많다.

세포의 크기는 동물의 종류가 다르더라도 거의 일정하다. 몸 속에는 뇌세포, 피부 세포, 간세포 등 여러 종류의 세포가 있다. 그런데 세포나 동물의 종류가 달라도 세포의 크기는 거의 일정하다. 지름 약 10미크론(0.01밀리미터)이다. 동물의 세계는 다채로운 것이 특징인데, 어째서 세포의 크기는 이렇게 균일할까? 왜 세포는 모두 10미크론일까?

동물의 몸은 세포로 되어 있다. 교과서마다 쓰여 있는 내용이다. 책마다 한가운데에 둥근 핵이 있는 세포 그림이 있다. 동물의 몸은 왜 세포라는 작은 단위로 이루어져 있는 것일까? 또 어찌하여 세포 한가운데에는 항상 핵이 자리잡고 있는 것일까? 이 문제를 크기의 관점에서 살펴보자.

핵은 유전정보를 가지고 있기 때문에 생물에서 가장 중요한 부분이라 할 수 있다. 유전정보는 한 벌만 있어도 충분해 보인다. 그런데 생물체는 세포마다 핵이 있으며, 그 모든 핵이 완전히 같은 유전정보를 지니고 있다. 가령 사람에게는 약 100조 개의 세포가 있어서, 그 숫자와 거의 같은 수의 핵이 있다고 하는데, 같은 정보 복사물을 왜 그렇게 많이 가지고 있을까?

몸이 세포라는 작은 구획으로 나뉘어 있지 않은 생물이 있다고 해보자. 더 구체적으로 우리의 몸이 거대한 세포 하나로 이루어져 있다고 해보자. 이제 이 거대한 세포에는 핵이 하나밖에 없다. 핵은 유전정보를 가지고 있어서, 이 정보에 따라 핵 안에서 RNA가 만들어진다. RNA는 단백질을 만드는 설계도인데, 이것이 세포의 여기저기로 옮겨가서 그것에 근거하여 효소를 비롯한 여러 가지 단백질이 만들어지게 된다.

생물에게는 RNA를 몸 구석구석까지 옮길 운반 장치가 필요하다. 물론 확산에 의지하여 RNA를 옮기지는 못한다. 앞에서 보았듯이, 산소 같은 저분자 물질을 옮기려 할 때에도 확산으로는 1~2밀리미터 거리가 한도였는데, 하물며 확산계수가 산소의 몇 백 분의 1밖에 안 되는 고분자인 RNA는 확산으로 옮길 수 있는 거리가 몇십 미크론밖에 안 되기 때문이다. 따라서 이 경우 몸속에 특별한 운반 체계를 갖추지 않으면 안 된다.

그런데 이러한 운반 체계가 만들어진다 해도 아마 효율이 좋지 않을 것이다. 생물은 다른 방법을 취한다. 핵을 많이 만들어 흩뿌려놓음으로써 몸의 어느 부분이라도 핵 바로 옆에 있게 하는 것이다. 바로 옆이란, RNA가 특별한 운반 체계 없이 확산만으로 옮겨가기에 충분한 거리를 뜻한다.

단순하게 핵을 흩뿌려놓는 것만으로는 핵으로부터 먼 곳과 가까운 곳이 생길 우려가 있다. 이 문제를 해결하려면 세포질을 모두 같은 크기의 부대로 싸서, 한 가운데에 핵을 집어넣으면 된다.

이렇게 부대의 크기, 즉 세포의 크기에는 선택의 자유가 별로 없다. 듀크대학교의 보겔은 이런 모형을 생각하고 있다. 공처럼 둥글게 생긴 세포가 있다고 하자. 가운데의 '핵'에서 '정보'가 만들어지고, 이것이 확산에 의해 방사상으로 퍼진다고 하자. '정보'는 RNA든 무엇이든 관계없다. 한편 세포질은 반드시 정해진 양의 정보를 계속해서 받아야만 살 수 있다고 본다. 이런 모형을 설정해 간단한 계산을 해보면, 세포질 전체가 필요로 하는 총 정보량은 세포 지름의 5제곱에 비례한다는 결과가 나온다. 한편 핵의 정보 생산 능력은 핵의 부피에 비례하기 때문에, 그것은 세포의 부피에 비례한다고 해도 된다. 그러면 정보의 생산량은 세포 지름의 3제곱에 비례하게 된다.

수요량은 5제곱, 공급량은 3제곱이다. $\frac{수요}{공급}$의 비는 세포 지름의 제곱에 비례하게 되므로 지름이 약간만 변화해도 수급의 균형이 크게 달라질 것이다. 수급의 균형이 정확하게 이루어지는 세포 크기가 있다면, 그 크기보다 지름이 조금만 늘어나도 순식간에 공급이 수요를 따라잡지 못하게 되고, 지름이 조금만 작아져도 공급 과잉으로 낭비가 생길 것이다.

대개 세포의 크기는 핵의 '정보' 생산 능력과 확산 속도에 따라 결정되는 어떤 상한 값을 가진다고 본다. 그 상한 값이 10미크론일 것이다. 물론 세포는 이보다 작아져도 살아가는 데는 지장이 없겠지만, 그렇게 작게 만드는 것은 핵의 능력을 필요 이상으로 남아돌게 하고, 비경제적이다. 동물은 그런 쓸데없는 짓을 하지 않는다.

이상의 이야기가, 왜 동물의 몸이 세포라는 작은 구획으로 나뉘어 있으며, 왜 세포들이 한결같이 같은 크기를 가지는가에 대한 내 나름의 답이다.

단세포생물 중에는 10미크론 이상의 것들이 꽤 있다. 세포 하나가 생물로서의 여러 기능을 동시에 갖추어야 하기 때문에 크기가 커질 수밖에 없을 것이다. 이렇게 크기가 큰 것들은 예외 없이 특별한 세포내 운반 체계를 가지고 있다. 잘 알려진 단세포생물인 짚신벌레는 체내에 미세한 관으로 된 운반 통로가 설치되어 있다. 또 핵도 하나가 아니라 둘이어서 크기가 커진 만큼을 보충하고 있다. 일반 동물세포 중에도 예외적으로 큰 세포가 있다. 신경세포는 정보를 신속하게 먼 곳으로 전달해야 하기 때문에 필연적으로 가늘고 긴 모양이다. 척수에서 다리 근육까지를 한 개의 신경세포가 이어주기 때문에 길이가 수십 센티미터에 이르는데, 이런 큰 세포에는 당연히 세포내 운반 체계가 갖춰져 있다. 신경세포의 긴 돌기(축삭) 속에는 미세소관으로 된 통로가 설치되어 있고, 이것을 타고 신경전달물질이 든 과립 같은 것들이 흐른다. 이 흐름을 축삭류軸索流라고 한다.

## 식물의 건축법과 동물의 건축법

세포내 흐름으로 가장 널리 알려져 있는 것은, 식물세포에서 볼 수 있는 원형질 유동이다. 고등학교 교과서를 펴면, 거의 언제나 자주달개비를 이용하여 원형질 유동을 관찰하는 항목이 실려 있다. 실제로 현미경을 통하여 원형질의 흐름을 본 사람도 많을 것이다. 그 속도는 제법 빠르다. 엽록체나 미토콘드리아 같은 것들이 세포 가장자리를 따라 돌고 있다.

이 현상이 잘 알려진 것과는 달리, 자주달개비가 왜 원형질 유동을 해야 하고, 어째서 동물은 사용하지 않고 식물을 사용하는가 같은 소박한 의문에 대한 답은 교과서 어디에서도 찾아볼 수 없다. 이런 종류의 의문도 크기 문제를 고려함으로써 풀 수 있다.

동물의 세포와 식물의 세포는 사실 크기가 다르다. 동물의 세포는 10미크론 정도지만, 식물의 세포는 훨씬 커서 50미크론짜리도 있다. 크기가 5배나 되기 때문에 확산만으로는 살아갈 수가 없으며, 세포 내부를 교란시켜줄 필요가 있다. 이것이 원형질 유동인 셈이다. 식물세포 내에는 액틴으로 만들어진 통로가 있고, 이것을 따라 원형질이 유동한다.

그럼 왜 같은 다세포생물인데도 동물과 식물은 세포의 크기가 5배나 차이가 나는 걸까? 이것은 소박하지만 중요한 질문일 수 있다.

식물세포를 현미경으로 들여다보면, 동물세포와는 매우 다른 것을 알 수 있다. 우선 식물세포에는 세포의 가장 바깥쪽을 세포벽이 둘러싸고 있다. 동물세포에는 그런 것이 없다. 또 동물세포에서는 핵이 세포 한가운데에 자리잡고 있지만, 식물세포에서는 중앙을 거대한 액포가 차지하여 핵과 세포질은 액포와 세포벽 사이의 좁은 공간에 간신히 들어가 있다. 세포벽과 액포는 식물세포의 큰 특징이다.

동물과 식물은 몸을 짓는 건축법에 차이가 있다. 건축법의 차이에는 세포벽과 액포가 관련되어 있으며, 또 세포의 크기도 관련되어 있다. 이 문제를 살펴보자.

동물은 골격계를 가지고 있다. 골격계로 체형을 만들어내고, 중력을 비롯한 외부의 힘을 지탱한다. 골격계는 세포가 분비한 물질들로 이루어져 있으며, 세포 자체는 아니다. 따라서 일단 골격계를 만들고 나면, 세포는 동물의 체형을 유지하는 힘을 낼 필요가 없어진다.

척추동물을 생각해보자. 동물의 몸 모양은 주로 골격계로 유지되고 있다. 뼈는 돌이다. 물론 뼛속에는 살아 있는 세포들이 여기저기 박혀 있지만, 세포들이 뼛속에서 힘을 내서 뼈 모양을 유지하고 있는 것은 결코 아니다. 뼈의 대부분은 살아 있지 않은 물질이다. 이 골격계 위에 거죽을 덮어씌우면, 우리가 보는 대로 척추동물이 된다. 거죽도 거의가 세포의 분비물인 세포 외의 성분으로 되어 있다.

기둥과 대들보를 짜맞추어 지은 건물은, 벽이 쳐져 있지 않거나 가운데가 텅 비어 있어도, 끄떡없이 버티고 서 있는데, 척추동물도 꼭 그와 같다. 따라서 세포는 거죽과 뼈 사이 어디에나 자유로이 장소를 차지할 수 있으며, 세포로 채우지 않고 빈 곳으로 둘 수도 있다.

다른 동물들도 사정은 마찬가지다. 곤충처럼 외골격을 가진 동물은 세포가 분비한 키틴 같은 물질로 골격을 만든다. 단단한 골격이 없는 지렁이 같은 동물은 뼈 대신 물을 사용한 정수靜水 골격을 가지고 있다.

요컨대 동물에서는 몸을 골격계가 지탱해주고, 체형과 자세를 유지하는 역할도 골격계가 맡고 있기 때문에, 세포 자신은 그런 역할을 맡지 않아도 아무 관계가 없다는 것이다. 따라서 동물세포에서는 역학적 조건이 제약으로 작용하지 않는다.

동물의 몸이 기둥과 대들보를 짜맞추어 지은 골조 건축이라면, 식물의 몸은 벽돌로 쌓아 지은 벽돌 건축이다. 벽돌을 구석구석까지 빈 곳 없이 차곡차곡 쌓아올리는 것이 식물의 방법이며, 이때 세포 하나가 벽돌 하나에 해당된다.

이와 같은 건축법의 차이는 움직이는가 움직이지 않는가와 깊이 관련되어 있다. 골조 건축 방식에서는 기둥과 들보 사이의 연결 부분을 관절로 만들어두면, 그곳에서 꺾어지거나 회전할 수 있기 때문에, 몸이 변형을 일으키면서 운동할 수 있다. 벽돌 건축에서는 벽돌끼리 모두 한데 붙어 있기 때문에 도저히 몸을 움직일 수가 없다.

골조 건축이 움직임에 강한 것은 지진이 일어날 때를 생각해 보면 알 수 있다. 골조구조는 흔들흔들 요동이 일어나도 끄떡없지만, 벽돌로 쌓은 건물은 조금 들썩거리기만 해도 전체가 와르르 무너지기도 한다. 지진이 많은 일본에서 벽돌 건축이 발달하지 않은 것은 바로 이 때문이다.

하지만, 벽돌쌓기에도 버리기 아까운 장점이 있다. 작은 것을 쌓아올리기만 하면 되기 때문에 일하기가 쉽다. 돌을 쌓아올리면 피라미드나 대성당 같은 거대한 건축물도 만들 수 있지만, 골조 건축에서는 얼마나 굵고 긴 기둥을 구하느냐에 따라 건축물의 크기가 결정된다.

식물은 움직이지 않으므로 벽돌 건축법을 쓰고 있다. 이 방법으로는 커지는 일이 그리 어렵지 않다. 벽돌쌓기 방법에서는 벽돌 하나하나가 몸을 지탱하기 때문에, 식물에서는 모든 세포가 체형과 자세를 유지하는 일에 책임을 진다. 식물세포는 이러한 역학적 요청에 응하는 것이어야 한다. 동물세포에는 이러한 요구가 없다. 동물세포와 식물세포의 큰 차이는 여기에 있다.

식물세포의 세포벽은 셀룰로스cellulose라는 섬유로 이루어져 있어, 인장력에 대단히 강하다. 또 식물세포는 높은 내압을 가지고 있다. 이 두 가지 요소를 결합하면 대단히 강한 섬유로 만든 부대에다 물을 팽팽하게 채운 것이 만들어진다. 식물은 이것을 벽돌로 사용한다. 이 벽돌은 압축에 대단히 강하고, 인장력에도 견딜 수 있다. 아주 우수한 건축 재료인 셈이다.

식물은 태양빛을 받아 광합성을 하여 살아가기 때문에 빛을 받는 면적이 넓어야 좋다. 키도 커야 다른 것의 그늘에 들지 않는다. 따라서 몸의 크기는 어느 정도 큰 편이 이롭다. 몸의 크기를 키우려면 벽돌 하나의 크기를 키우거나 벽돌 수를 늘려야 한다. 세포질이나 세포벽은 만드는 데 비용이 들기 때문에, 이들의 양은 늘리지 않고 몸의 크기만 늘릴 수 있다면 그 이상 좋은 것이 없다.

좋은 수가 있다. 속을 넣어서 벽돌 크기를 키우면 된다. 즉 세포 중앙에 물을 채운 주머니를 넣어 세포의 크기를 더 키우는 것이다. 이 주머니가 액포이다.

이렇게 말하면 액포는 단순히 채워넣는 것이라 생각하기 쉬우나, 식물은 거기서 한걸음 더 나아간다. 액포 속에 든 것은 단순한 물이 아니다. 거기에는 여러 가지 물질이 들어 있는데, 그중 하나는 독이다. 알칼로이드나 배당체配糖體 같은 독을 포함하고 있어서, 가만히 서 있을 뿐 달아나지 못하는 식물이 동물에게 먹히는 것을 방지할 수 있다. 또 노폐물을 배설하기 위해 용변을 보러 갈 수도 없는 식물에게 액포는 대사 산물을 버리는 장소로도 쓰인다. 이런 물질들이 녹아 있는 까닭에 액포는 삼투

압이 높고, 주위로부터 수분을 흡수하여 팽팽하게 부풀어 있다. 이것이 압축력에 대항하는 힘이 되어 몸을 지탱해준다.

방금 말한 액포의 기능은 식물이 이동 생활을 하지 않는 것과 연관이 있다. 식물세포와 동물세포를 구별짓는 커다란 특징인 발달한 액포는 움직이느냐 움직이지 않느냐라는 차이와 깊은 관련이 있다.

액포를 이용한 벽돌 불리기 방법은 좋은 수단이지만, 그렇다고 무조건 세포의 크기를 키울 수는 없다. 식물세포처럼 내압이 걸린 주머니에서는 주머니의 지름과 내압이 반비례한다. 따라서 지름을 크게 하면 그만큼 외부의 힘에 쉽게 짜부라지고 만다.

거칠게 표현한다면 식물세포는 풍선과 같다. 공기 대신 물을 채운 풍선이다. 시험 삼아 풍선을 한번 불어보라. 처음에는 매우 세게 불어야 하지만, 지름이 커질수록 부는 데 드는 압력이 작아지는 것을 알 수 있을 것이다.

식물세포에도 이 원리가 작용하고 있을 것이다. 그래서 세포의 크기가 커질수록 견뎌낼 수 있는 압축력이 작아지게 된다. 자기 무게에 의한 압축력에 견디기 위해서도 세포의 크기를 너무 크게 할 수는 없을 것이다.

내압이 걸린 공 모양의 주머니에서 구의 반지름(r)과 내압(p)의 관계를 조금 자세히 살펴보기로 하자. 구의 벽 두께를 t, 벽의 응력을 s라 하면 다음과 같은 관계가 성립한다.

$$p = \frac{2ts}{r}$$

이것이 라플라스의 식이다. p와 r은 반비례 관계에 있는데, 여기서 만약 앞에서도 살펴본 것처럼 세포벽의 양이 일정하다고 보면, $4\pi r^2 t = C$(상수)가 되기 때문에 이것을 위의 식에 대입하면 다음과 같다.

$$p = \frac{sC}{2\pi r^3}$$

내압은 반지름의 세제곱에 반비례한다는 결과가 나온다. 세포의 크기를 키우면 세포가 지탱할 수 있는 압력은 급속하게 작아질 것이다. 세포는 어떤 크기를 넘어 무턱대고 커질 수만은 없는 것이다. 이처럼 식물세포의 크기는 역학적 조건에 따라 결정된다고 말해도 괜찮을 것이다.

같은 식물이라도 물속에 사는 조류 중에는 세포가 거대한 것이 있다. 원형질 유동의 연구에 많이 쓰이는 차축조Chara braunii나, 핵 이식 실험으로 유명한 삿갓말Acetabularia ryukyuensis 등은 세포가 커서 실험하기가 좋고, 그래서 연구자들이 애용하는 실험 재료이다. 오키나와의 산호초에서 흔히 볼 수 있는 발로니아 Valonia 또는 보에르게세니아Boergesenia forbesii라 부르는 생물은 지름이 1~2센티미터 정도 되는 구형의 녹조류이다. 어찌된 일인지 이 구球가 거대한 세포 하나로 되어 있다. 물속에서는 부력이 있기 때문에 체중은 거의 부력에 받쳐지고, 세포가 떠받쳐야 할 힘은 작아도 된다. 이런 조건에서는 식물세포도 상당히 커질 수 있을 것이다. 똑같이 물속에서 살고 있으나 물고기나 고래 같은 동물의 세포가 몇 센티미터 되는 게 있더라는 이야기는 들어본 일이 없다.

동물에서는 세포 내의 물질 확산 속도가 제약 조건으로 작용하여 세포의 크기가 결정된다. 식물에서는 역학적 조건이 제약이 되어 크기가 결정된다. 이처럼 동물과 식물은 제약하는 조건이 전혀 다르다. 나는 이것이 식물과 동물에서 세포의 크기가 다른 이유라고 보고 있다.

여기서 동물과 식물 순환계의 차이에 대해서도 살펴보고 넘어가자. 동물과 식물에서는 온몸에 물질을 수송하는 순환 체계의 제작 원리가 전혀 다르다. 이 차이에는 세포 내 수송 체계의 차이, 그리고 세포의 크기 차이가 관련되어 있다고 생각한다.

앞에서 화제로 삼았던 녹조류의 거대한 세포는 몇 개의 세포가 융합하여 이루어진 것이다. 식물세포에서는 이웃 세포들 사이의 격벽에 구멍이 나 있거나 벽이 아예 없어진 경우도 있어서, 원형질이 연결되는 일이 자주 발생한다. 크게 자랄 수 있을 때에는 세포들의 벽을 자꾸 뜯어내서 하나의 큰 세포로 만드는 것이 식물의 방식이라고 나는 생각한다.

여러 개의 세포가 연결되어 이루어진 대표적인 식물세포는 물관과 체관이라는 관다발계(통도조직으로 구성)의 세포들이다.

뿌리에서 흡수한 물은 줄기를 거쳐 잎으로, 잎에서 만든 양분은 줄기를 거쳐 뿌리로 수송되는데, 식물의 관다발계에서는 상하로 연결된 세포의 위아래로 구멍이 뚫려서 세포끼리 통하게 되어 있으며, 이곳을 통하여 물질이 이동한다. 즉 세포 속을 통과하여 물질이 이동한다. 이것은 동물들의 수송 체계(순환계)인 혈관과는 제작 원리가 전혀 다르다. 혈관은 세포들이 빙 둘러싸서 가운데가 빈 긴 관을 만들고, 그 관 속으로, 그러니까 세포의 바깥으로 물질이 이동하는 구조이다.

식물과 동물은 왜 이렇게 수송 체계의 제작 원리가 다를까? 식물세포에는 세포 내부를 교란시키는 수송 체계가 구비되어 있지만, 동물세포에는 그런 것이 없다. 세포 내에 수송 체계가 있으면, 그것을 이용하여 온몸의 수송 체계를 만들 수 있다. 세포의 위아래로 구멍을 내서 세포끼리 통하게 해주면 된다. 물질은 세포 내의 수송 체계로 운반되며, 구멍을 통하여 다음 세포의 수송 체계로 건네진다. 세포의 칸막이 벽에 구멍을 내는 것은 식물세포가 쓰는 상투적인 수법인 까닭에, 이런 식으로 관다발계의 길게 이어지는 거대한 세포를 별 무리 없이 만들어내는 것이다. 또 이러한 제작 원리는 식물의 건축 방법인 벽돌쌓기 건축법과도 상충되지 않는다. 건축의 단위인 벽돌에 구멍을 낸 것뿐이기 때문이다.

한편, 동물세포에는 세포 내 수송 체계가 없다. 그래서 펌프를 이용하여 세포의 바깥으로 체액을 순환시키는 수송 체계를 따로 만들고 있다.

마지막으로 진화의 기구에 관해서도 한마디 언급해두고 싶다. 동물과 식물에서는 새로운 종을 만들어내는 기구에 차이가 있으며, 그것이 세포의 크기와 관련되어 있지 않나 생각된다.

식물에서는 염색체 수가 배로 느는 현상이 흔히 일어난다. 이를 배수화倍數化라고 한다. 배수화한 식물에서는 세포의 크기가 커지고 기관의 크기도 커져서 식물체 전체가 거대화한다. 꽃과 열매가 큰 재배종이나 원예종에는 배수체가 많다. 밀, 면화, 담배, 감자, 바나나, 사탕수수, 커피 등 중요한 재배식물들은 배수체이며, 앵초나 시클라멘 중 꽃이 큰 것들도 배수체이다. 배수화한 종이나 계통은 환경에 대한 적응력이 강하며, 아주 넓은 분포 지역을 갖는 경우가 많다. 육종가들은 흔히 배수화 방법을 이용하여 큰 열매를 맺는 종류를 만들어내기도 하는데, 배수화는 자연적으로도 매우 흔하게 일어나기 때문에 상당히 많은 식물 종이 배수화에 의해 진화한 것으로 여겨지고 있다. 그런데 동물에서 알려진 배수화 현상은 거의 없다. 그것은 무슨 까닭일까?

앞에서 식물세포가 어느 정도의 압력을 견뎌낼 수 있는가에 대해 살펴보았는데, 그때에는 세포벽의 양을 일정하게 놓고 고찰하였다. 하지만 세포벽의 양을 늘려서 세포벽을 두껍게 해주면 식물세포는 더욱 커질 수 있다. 다만 이를 위해서는 단순히 세포벽의 양만이 아니라, 그것을 만드는 데 필요한, 세포의 살아 있는 부분의 양도 늘어날 필요가 있어서, 필연적으로 유전자의 양도 늘어나야 한다. 배수화는 이러한 필요에 대응하여 일어나는 현상이 아닐까? 염색체는 유전자가 존재하는 장소이다. 유전자의 양을 빠르게 늘리는 좋은 방법은 염색체 수를 배로 늘리는 것이다. 배수화가 식물에서 빈번하게 일어나는 까닭은, 배수화가 세포의 크기 증가와 결부되어 있고, 세포의 크기 증가가 식물에게 유리하게 작용하기 때문이 아닐까? 세포의 크기가 커지는 것은 건축용 벽돌의 크기가 커짐을 의미하며, 큰 세포는 큰 몸을 만드는 데 직접적으로 기여한다. 그리고 식물의 큰 몸은 잎들이 햇빛을 받거나 뿌리가 양분을 흡수하는 데에도 유리하다.

동물에서는 배수화 현상을 거의 볼 수 없다. 동물세포에서는 배수화가 일어나서 유전자의 양이 늘어나고 물질이 자꾸 생산되어도, 세포의 크기가 변하지는 않는다. 따라서 단순히 염색체 수를 늘리는 방식의 진화 기구는 성립할 수 없을 것이다. 동물에서는 세포의 크기가 몸의 크기와는 아무 관계가 없으며, 몸이 큰 것이 식물에서만큼 유리하게 작용하지도 않는다.

속씨식물의 3분의 1 이상의 종이 배수화에 의해 생겨났다고 한다. 배수화는 식물 진화의 주요한 기구이다. 그런데 동물은 이 기구를 이용하지 못하며, 이용할 수도 없다. 여기에는 세포의 크기가 관련되어 있다. 그래서 세포의 크기는 진화의 기구와도 깊게 관련되어 있다고 나는 생각한다.

이상으로 세포의 크기로 본 동물과 식물의 차이에 관해 살펴보았다. 세포의 크기 차이가 몸의 건축법 및 세포 내외의 수송 체계의 차이, 진화 기구의 차이에까지 깊게 관련되어 있다. 크기의 중요성을 인식할 수 있었다면 다행이다. 다만 이 장의 논의는 세포의 크기라는 시각에서 모든 이야기를 짜맞추어 구성한 까닭에 상당 부분은 억지라고 생각하는 사람들도 있을 것이다. 비판을 바란다.

# 12

# 곤충-
# 작은
# 크기의
# 달인

## 큐티클 외골격 – 곤충의 성공 비결

지금까지는 척추동물, 주로 포유류에 대해 살펴보았다. 이어지는 세 장에서는 포유류와 상당히 다른 몸 구조와 생활방식을 지닌 동물에 관해 살펴보려 한다. 이들의 생활도 역시 크기와 관련되어 있다.

우리 주위에서 가장 흔하게 볼 수 있는 동물이라면 뭐니 뭐니 해도 곤충이다. 지금까지 100만 종 정도의 동물이 알려져 있는데, 그중 70퍼센트가 곤충이다. 종류의 다양성 면에서 보면 지구를 지배하는 것은 곤충이다. 곤충은 어떻게 이런 번영을 이룰 수 있었을까?

이렇게 엄청나게 많은 종류가 존재할 수 있는 데에는 크기 문제가 있을 것이다. 곤충들처럼 크기가 작으면 단시간에 많은 변이를 만들어낼 수 있다. 크기가 작은 동물의 장점이다. 하지만 외부 환경에 영향을 받기 쉽다는 단점도 있다. 특히 곤충 같은 육상동물은 건조한 날씨에 어떻게 견딜 것인가가 큰 문제다. 지상에서 마음대로 날고 뛰어다니는 동물은 그렇게 많지 않다. 조류, 포유류, 파충류, 곤충류 정도에 불과하다. 그중에서 크기가 작은 것은 곤충류뿐이다. 작은 동물에게는 몸이 건조해지지 않도록 하는 일이 너무나 어렵다. 몸에 비해 표면적이 커서 수분이 점점 달아나버리기 때문이다. 반면, 물속에는 가지각색의 작은 생물이 살고 있고, 땅속에도 지렁이나 선충이 우글거리고 있다. 땅속에도 상당량의 수분이 있기 때문이다.

곤충은 몸의 표면을 온통 껍데기로 뒤덮어서 건조 문제를 해결하고 있다. 이 껍데기를 큐티클cuticle이라고 부르는데, 표면에 왁스가 발라져 있어 수분이 통과하지 못한다.

이 큐티클이 오늘날 곤충의 성공 비결이다. 키틴chitin이라는 다당류로 이루어진 큐티클은 아주 단단하고 튼튼하며 가볍다. 견고하고 물이 통하지 않는 껍데기가 몸을 감싸고 있어서 곤충은 건조에 견딜 수 있고, 포식자나 외부의 물리적 충격으로부터 몸을 지킬 수 있다. 곤충은 새에게 덥석 잡아먹히는데, 이는 덩치 차이가 워낙 크기 때문에 어쩔 수 없다. 크기가 비슷한 포식자에 대해서는 큐티클 껍데기가 유효한 방어 수단이 될 수 있다.

곤충은 큐티클 덕분에 커다란 운동성을 얻었다. 가볍고 견고한 재료를 사용하여 날씬하고 긴 다리나 얇은 날개를 만든다. 걷는 속도는 다리의 길이에 비례한다. 긴 다리는 지렛대의 원리에 따라 근육의 작고 느린 움직임을 크고 빠른 움직임으로 확대할 수 있다. 대개 지렛대는 작은 힘으로 무거운 물체를 들어올릴 때 사용하는데, 지렛대를 역이용하면 힘은 더 들지만 속도를 빠르게 할 수 있다. 사람의 팔다리도 지레의 원리로 속도와 거리를 확대하고 있다.

사람의 다리와 곤충의 다리를 비교해보면, 곤충은 겉에 단단한 것이 있고, 속에 근육이 들어 있다. 사람의 다리는 중심에 단단한 막대가 들어 있고, 그 둘레에 근육이 붙어 있다. 배치가 정확하게 반대로 되어 있다. 단단한 껍데기가 생물의 몸을 덮고 있는 것을 외골격이라고 한다. 반면에 몸의 내부에 골격이 들어 있는 것을 내골격이라고 한다.

곤충과 사람의 다리에는 모두 관절이 있다. 만약 단단한 골격을 가진 동물에게 관절이 없다면, 몸이 뻣뻣하여 움직일 수가 없을 것이다. 단단한 골격은 굵은 근육이 내는 커다란 힘에도 휘지 않고 힘을 전달하며, 지렛대로 작용하여 속도를 증폭시키고, 운동성을 높일 수 있다. 그러기 위해서는 관절처럼 자유로운 굴절이 가능해야 한다. 관절로 연결된 단단한 막대기, 이것이 빨리 움직이는 동물의 특징이다. 내골격이든 외골격이든 이 디자인에서는 다를 게 없다.

곤충 큐티클의 우수성은 큐티클을 단단하게도 부드럽게도 할수 있다는 데 있다. 우리는 보들보들한 뼈 같은 것은 만들 수 없다. 그래서 관절 부분에서는 반드시 뼈와 뼈가 도중에 끊어진형태를 취하며, 결합조직이나 근육 같은 부드러운 조직이 뼈들을 연결해준다. 그런데 곤충은 큐티클의 일부를 부드럽고 보들보들하게 만들어 그 자체가 관절이 되어 몸을 자유로이 구부릴수 있다. 곤충의 몸은 몇 개의 마디로 나뉘어 있는데, 이 마디 사이를 연결해주는 큐티클이 부드러워 여기서 몸을 구부릴 수 있게 되어 있다.

곤충은 큐티클 껍데기를 동시에 여러 가지 용도로 이용한다. 몸 표면을 보호하고, 몸의 건조를 방지하며, 힘을 지탱하는 골격계로도 이용한다. 이처럼 하나에 여러 기능이 담긴 것은 크기가 작은 동물들에서는 흔히 볼 수 있는 일이다. 크기가 작으면 세포의 수나 공간은 한정되어 있지만, 기능의 종류는 큰 동물에 비해 그다지 적지 않다. 따라서 기능을 겸하게 할 수 있다면 겸하는 편이 낫다. 몸 표면은 어차피 상처를 입지 않도록 보호해야 하기 때문에 보호용 껍데기를 골격계로 이용하는 것은 좋은 아이디어이다. 하지만 곤충의 껍데기는 단순한 공간 절약 이상의 의미를 가지고 있다.

곤충처럼 몸의 바깥을 하나로 몽땅 덮는 구조물로 힘을 지탱하게 하는 구조를 가리켜 공학자들은 모노코크monocoque 구조라고 부른다. 모노코크 구조는 기둥과 들보를 결합하여 지은 건물이나 척추동물에서 볼 수 있는 골조구조와는 아주 다른 구조이다. 모노코크 구조는 큰 하중을 받치는 데는 적합하지 않지만, 어긋남이나 비틀림 힘에는 강하다. 대부분의 비행기는 모노코크 구조로 만들어져 있다. 비행기는 원래 싣는 화물이 가볍기 때문에 몸체를 지탱하는 문제보다 난기류 등에 의해 날개나 기체가 비틀리는 것이 더 큰 문제다. 소형 자동차를 모노코크 구조로 제작하는 경우도 있지만, 무거운 대형 트럭은 반드시 골조

구조로 제작한다. 골조구조는 커다란 압축력을 견디는 데 적합한 까닭이다.

곤충들처럼 작은 것이 모노코크 구조를 하고 있다는 것은 납득이 간다. 떠받쳐야 할 체중은 가벼운 반면, 곡예사 같은 운동을 해도 날개가 비틀려버리거나 다리가 부러지지 않기 위해서다. 척추동물처럼 몸집이 큰 것 중에는 모노코크 구조를 한 것이 없다.

## 기관의 위력과 탈피의 위험

난다는 것은 곤충의 커다란 특징 중 하나다. 지상에서 달리는 경우에는, 아무래도 몸집이 작을수록 행동반경이 좁아지지만, 나는 경우에는 사정이 다르다. 새에 적용되는 이야기이긴 하지만, 멈추지 않고 한 번에 날 수 있는 거리는 몸의 크기와는 거의 관계가 없는 것 같다. 몸집이 아주 작은 제비도 학이나 백조에게 지지 않을 정도로 먼 거리를 날아갈 수 있다. 작은 동물은 날아다니면 크기에 따른 행동반경의 제약을 그다지 받지 않게 된다. 이것은 괜찮은 일이다.

달리는 것과 나는 것을 비교해보면, 같은 거리를 가는 경우 나는 쪽이 에너지 소비가 적다(5장). 따라서 날아다니는 동물은 행동권이 넓다. 물론 나는 것 자체는 많은 에너지를 소비하는 활동이다. 나는 것은 속도가 빠르기 때문에 같은 거리를 따지면 에너지가 덜 먹히지만, 같은 이동 시간으로 따지면 뛰는 것보다 현저하게 많은 에너지를 소비한다.

짧은 시간에 많은 에너지를 소비하려면 많은 산소가 필요하다. 곤충처럼 크기가 작은 동물들은 $\frac{표면적}{부피}$ 비율이 크기 때문에, 에너지를 얻는 데 필요한 산소가 몸 표면을 통하여 들어온다면 아무 문제가 없다. 그러나 실제로는 물 한 방울 새지 않는 큐티클 껍데기가 곤충의 몸 표면을 감싸고 있으므로, 산소가 몸 표면을 통과하여 들어올 수가 없다.

척추동물처럼 허파와 그에 따르는 순환계를 갖추면 될 거 아니냐고 생각할 수도 있다. 그러나 문제가 그리 간단치 않다. 우선 순환계가 문제인데, 몸 크기가 작아질수록 심장이 뛰는 횟수가 점점 많아진다. 과연 심장이 별일 없이 빨리 뛸 수 있을까? 또 빠르게 뛰는 심장이 매우 가는 혈관으로 혈액을 밀어낼 때는 혈액의 점성저항도 무시할 수 없으며, 그 결과 혈액이 제대로 순환하지 못할 가능성도 있다.

몸 크기가 작아지면 허파에도 상당한 문제가 생긴다. 허파에서는 들이마신 공기와 혈액 사이에 확산을 통해 가스 교환이 일어난다. 혈액은 산소를 받아들이고 이산화탄소를 방출하는데, 이때 수분도 혈액에서 증발하여 공기 중으로 날아간다. 산소를 얻으려고 허파에 신선한 공기를 흐르게 하면 할수록 체내의 수분을 잃게 되므로, 큐티클 껍데기로 애써 수분을 절약해온 것이

무의미해지게 된다.

그래서 곤충은 기관氣管을 발명해냈다. 곤충의 몸 표면에는 몇 쌍의 구멍이 있다. 그 구멍은 기관의 개구부開口部인데, 거기서부터 가느다란 관들이 무수히 가지 쳐 나가면서 몸속 깊숙한 곳까지 뻗어 있으며, 관이 조직 속에도 기어들어서 세포의 표면에까지 도달해 있다. 이것이 기관계라는 것이다. 기관은 큐티클이 몸속으로 확장된 것으로, 기관의 벽을 통하여 수분이 달아나지는 못한다. 기관이 조직과 만나는 가장 끝부분만이 큐티클로 덮여 있지 않아서 거기서 가스 교환이 일어난다.

기관계는 우리 척추동물의 호흡, 순환계와는 발상이 전혀 다르다. 즉 기관계는 순환계에 의지하지 않고 튜브(가느다란 관)를 이용하여 산소를 세포까지 직접 배달하는 방식을 취하고 있다. 물을 가득 채운 관이 아니라 공기를 가득 채운 관을 사용하는 것이 이 호흡 체계의 자랑거리다. 공기 속에서 산소의 확산계수는 물속에서보다 1만 배나 크다. 따라서 관 속을 교란시켜주지 않더라도, 확산만으로 산소가 몸 안으로 신속하게 운반될 수 있다. 근육 등의 조직에서 산소를 사용하면, 체내와 체외의 산소 농도 차가 커지므로 자연히 산소는 확산에 의해 속으로 들어가게 된다. 이때 체내의 수분은 기관 속의 공기가 교란되지 않기 때문에 거의 달아나지 않는다.

기관은 끝 쪽으로 갈수록 더욱 가늘게 갈라져서 조직 사이로 들어가 있으며, 이 부분(모세기관이라고 부른다)의 굵기는 곤충의 크기에 관계없이 지름이 0.2미크론이다. 이는 공기 중 산소의 평균자유행로mean free path의 약 2배 되는 크기이다. 그 이상으로 지름이 작아지면 산소 분자들이 모세기관 벽에 충돌하는 횟수가 잦아져서 확산 속도가 느려질 우려가 있다. 그럼 모세기관을 더 굵게 만들면 어떨까? 그렇게 되면 관 안의 공기가 교란되기 쉬워져서 수분 손실이 일어날 가능성이 생긴다. 기관의 크기도 그 나름의 물리적 이유에 따라 결정되었음을 알 수 있다.

이런 특성을 지닌 기관을 이용하면 확산만으로 산소를 운반할 수 있다. 가스 교환을 허파 같은 몸의 특정 장소에서만 할 경우, 확산만으로는 도저히 온몸 구석구석까지 산소를 보낼 수가 없으며, 또 공기와 체액 양쪽을 동시에 교란시켜주지 않으면 안 된다. 교란을 시키면 아무래도 기체와 액체의 접촉면에서 수분 손실이 일어날 수밖에 없다.

물론 순환계가 산소만 운반하는 장치는 결코 아니다. 영양분과 노폐물도 운반하는데, 곤충들도 그러한 순환계를 가지고 있다. 다만 곤충의 순환계는 개방 혈관계로서, 척추동물의 폐쇄 혈관계같이 완전한 혈관계가 아니다. 산소의 공급까지 책임지는 것이 아니라면, 순환계가 그렇게까지 우수해야 할 필요는 없을 것이다. 곤충의 혈액에는 포유류 혈당의 수십 배나 되는 농도의 당류가 포함되어 있는데, 이것은 아마도 성능이 그리 좋지 않은 순환계를 가지고 격렬한 운동을 하는 날개 근육에 연료를 공급하기 위한 것이 아닌가 싶다.

기관은 육상 생활을 하는 곤충들의 훌륭한 발명품이다. 기관이 육상동물에게 그렇게 좋은 거라면, 훨씬 큰 육상동물들도 기관을 쓰면 좋지 않을까? 하지만 현실적으로 곤충 이외에는 기관을 사용하는 동물이 없다. 왜 그럴까? 또 가장 큰 곤충은 기껏해야 투구풍뎅이 정도밖에 안 되는데 그보다 훨씬 큰 곤충이 없는 것은 어째서일까? 이런 의문을 풀어줄 열쇠도 기관의 구조 원리에 있다는 생각이 든다.

곤충은 생장할 때마다 탈피를 한다. 몸이 온통 단단한 껍질로 싸여 있는 까닭에, 커지려고 해도 그대로는 불가능하다. 일단 껍질을 벗어버리고 몸을 크게 불린 다음, 껍질을 새로 만들어야 한다. 곤충들은 큐티클 외골격 덕분에 여러 가지 이점을 누리기도 하지만, 이 외골격 탓에 탈피라는 성가신 일을 하게 되었다. 조개 무리에서도 그렇듯이(13장), 일반적으로 외골격을 가진 동물은 항상 외골격의 방해를 어떻게 처리하고 생장하느냐 하는 문제와 마주치게 된다.

탈피는 비용과 위험을 수반하는 일이다. 껍질을 일일이 다시 만들어야 하기 때문에 그것에 드는 시간과 비용을 결코 무시할 수 없다. 또 탈피 직후에는 몸이 연하기 때문에 포식자의 표적이 되기 십상이다. 이것도 몹시 위험한 일이지만, 그 이상으로 위험하고 어려운 일은 외골격을 벗겨내는 작업이다. 큐티클 외골격은 몸 표면에 난 더듬이나 털까지도 포함하여 무엇이든 죄다 뒤덮고 있는 까닭에, 이것을 잘 벗겨내는 데는 상당한 기술이 필요하다. 한번 잘못되면 몸이 빠져나오지 않아 만사가 끝장이다. 실제로 탈피가 제대로 되지 않아서 곤충이 죽는 경우를 흔히 볼 수 있다.

곤충은 세심한 공을 들여서 몸속 깊숙한 곳까지 들어가 있는 기관도 벗겨낸다. 기관은 체표면이 몸속으로 밀려들어간 것으로, 외골격의 일부라고 할 수 있다. 따라서 탈피할 때에는 이렇게 몸속 깊이 가늘게 가지 쳐 들어간 것까지도 모두 벗겨내야 한다. 가늘게 가지 친 기관계를 본 사람이면 누구나 어떻게 그런 일이 가능할까 감탄하지 않을 수 없을 것이다.

기관의 총길이는 '조직량×몸 표면에서의 거리'에 비례하므로, 이는 체중의 3분의 4제곱에 비례하게 된다. 몸길이의 4제곱에 비례한다고 해도 된다. 몸길이가 2배로 늘어나면, 기관의 총 연장은 16배로 늘어나므로, 크기가 커짐에 다라 기관의 길이는 비교할 수 없을 정도로 늘어난다. 따라서 크기가 커질수록 탈피는 점점 더 어려워진다. 곤충이 어떤 크기 이상으로는 커지지 않는 것도 그 때문일 것이다. 기관 탈피의 어려움이 곤충 크기의 상한선을 결정한다고 나는 생각한다.

곤충의 크기에 한계가 있는 것이 단순히 탈피 자체의 어려움 때문이 아니라, 기관계 탈피의 어려움 때문이라고 생각하는 이유는 새우와 게의 경우 때문이다. 새우와 게는 갑각류로서 곤충의 친척이다. 그들도 키틴질의 외골격을 가지고 있기 때문에 생장할 때마다 탈피를 한다. 왕새우나 털게를 생각해보면 쉽게 이해할 수 있다. 그들 중에는 곤충보다 상당히 큰 것들이 있다. 그들은 물에 살고 있어서 기관이 없고 그래서 곤충류보다 훨씬 커질 수가 있다.

## 먹는 시기와 활동하는 시기－일생을 나누어 쓴다

곤충은 크기가 작아도 기관계가 있어서 육상의 건조한 환경에서 살 수 있게 되었고, 또 단시간에 많은 에너지를 사용하는 날아다니는 운동법을 구사할 수 있게 되었다. 그런데 곤충들도 태어나면서부터 날 수 있는 것은 아니다. 애벌레는 나비로 변신해야 비로소 날아다닐 수 있다. 곤충들의 커다란 특징은 이러한 변신(변태) 능력이다. 곤충은 왜 변태를 해야 할까?

곤충에는 농작물에 큰 해를 주는 해충이라는 이미지가 따라다닌다. 일본에서 곤충을 연구하는 곳은 주로 농학 관계 기관들이며, 대학에서도 곤충학 연구실은 농학부에 소속되어 있다. 이렇게 농업과 곤충이 결부되어 있는 이유는 곤충이 채소, 곡류, 나무 등의 잎을 갉아먹어 못쓰게 만들기 때문이다.

식물의 잎을 주식으로 하는 동물은 그리 많지 않다. 주로 곤충과 포유류 정도다. 크기가 작은 동물은 바람에 흔들리는 잎에 붙어서 느긋하게 식사할 수 있을 만큼 건조에 강하지 않다. 민달팽이나 달팽이도 풀을 먹지만, 그것은 습기가 많은 때에 국한

된다. 곤충은 예외적으로 건조에 강하다.

포유류 중에서도 풀을 주식으로 하는 것들은 대부분 대형 동물이다. 이것은 내건조성耐乾燥性의 문제라기보다 영양상의 문제 때문일 것이다. 풀은 영양가가 낮은 먹이다. 앞장에서 살펴보았듯이, 식물세포는 두꺼운 셀룰로스로 된 세포벽과 커다란 액포와 약간의 세포질로 이루어져 있다. 동물은 셀룰로스를 자기 힘으로 소화할 수가 없고, 액포는 독이 든 물과 같은 것이어서, 먹어서 영양이 될 수 있는 것은 조금밖에 안 되는 세포질뿐이다. 따라서 잎사귀만으로 살아가려면, 엄청나게 많은 잎을 갉아 먹어야 한다.

초등학교 3학년 무렵의 일이었다고 생각된다. 내가 직접 만든 벌레집 속에서 애벌레가 양배추 잎을 무서운 속도로 먹어치우더니, 녹색의 동글동글한 똥을 꾸역꾸역 싸는 것을 보고 감탄하여 정신없이 바라보았던 기억이 난다. 소화가 안 되는 셀룰로스를 그렇게 많이 먹으면 굵직한 똥을 자꾸 내놓지 않을 수 없다. 잎을 먹는 것은 효율이 몹시 나쁜 식사인 것이다.

보통 크기가 작은 포유류는 잎사귀를 먹지 않고, 영양분이 훨씬 많은 과실이나 씨앗, 뿌리 등을 먹는다. 작은 포유류는 체중에 비하여 엄청나게 많은 음식물을 필요로 하기 때문에, 영양가가 낮은 잎사귀만으로 살아가기 어렵다.

몸집이 큰 포유류에서도 풀에 들어 있는 세포질만으로 모든 영양을 취하지 않고 더 우수한 방법을 개발한 동물이 번성했다.

바로 소나 염소 같은 반추동물이다. 이들은 몇 개의 방으로 나뉜 커다란 위를 갖고 있는데, 그 속에 단세포생물이나 박테리아가 공생하고 있다. 이들 공생 미생물들로 하여금 셀룰로스를 분해하게 하여, 그것을 자기의 양분으로 흡수한다. 따라서 같은 풀을 먹는다 하더라도 세포질만 먹고 나머지는 버리는 경우와는 상황이 전혀 다르다. 반추 같은 재주가 가능한 것도 커다란 위를 가질 수 있을 만큼 몸 크기에 여유가 있기 때문이다.

새들은 대개 잎사귀를 먹지 않는다. 백조 같은 대형 조류를 보더라도 초식성 새들은 과실이나 곡물을 먹는다. 이것은 새들이 나는 것과 관계가 있다. 잎을 먹고 산다는 것은 영양가가 낮은 먹이를 대량으로 섭취함을 의미한다. 그렇게 하면 위가 무거워져서 날아다니기에 아주 불리하다.

곤충에게도 사실 같은 문제가 적용된다. 풀을 먹는 것은 단지 날지 못하는 유충(애벌레) 시기뿐이다. 변태를 거쳐 날아다닐 수 있게 되면, 풀을 먹이로 삼지 않는다. 꿀이나 수액을 빨아먹는다. 이들은 영양물의 수용액, 즉 드링크제 같은 것이어서 흡수가 쉽고, 묵직한 위를 껴안고 비틀거리지 않아도 되기 때문이다.

그렇다면 곤충은 애벌레 때부터 날개를 달고 꿀만 빨며 살면 되지 않겠는가 하는 논의도 나올 수 있는데, 현실은 그렇게 감미로운 게 아니다. 잎사귀는 계절에 관계없이 가는 곳마다 대량으로 존재하지만 꽃의 꿀은 그렇지가 않다.

곤충의 성공 비결은, 자연계에 대량으로 존재하는 동시에 다른 동물이 별로 손대지 않는 잎사귀를 먹이로 한다는 점에 있다. 그러나 풀을 먹는다는 것은 묵직하고 큰 위를 가지고 다녀야 하므로 이동성을 희생해야 가능하다. 풀 한 포기를 벌레 한 마리가 달려들어 다 먹어치우면, 풀도 죽고 벌레도 죽게 될 것이다. 애벌레처럼 동작이 둔한 것이 풀을 다 먹어치운 다음에 다른 풀을 찾아 기어다니는 경우는 없다. 곤충의 몸은 작다. 하지만 그 크기는 풀 한 포기로도 충분히 살아가기에 알맞은 크기인 것이다.

작지만 살기에 알맞은 크기라 해서, 애벌레처럼 기어다니기만 해서는 자손을 널리 퍼뜨리거나 좋은 환경을 찾아 이동하기에 불리하다. 그래서 풀을 먹고 충분히 자라면, 변신하여 날개를 펴고 날게 되는 것이다. 어차피 생장 과정에서 큐티클 껍데기를 벗고, 새 껍데기를 만들어야 하므로, 그때 몸의 구조까지 대폭 바꾸는 것이 그리 무리한 일은 아니다. 이렇게 해서 날개를 단 곤충은 넓은 범위를 날아다니면서 자손이 충분히 살아갈 만한 잎을 찾아 다시 알을 낳는다. 유충은 돌아다니지 못하고 자신의 환경을 선택할 수 없으므로, 이를 부모가 대신 해준다.

곤충은 변태를 기점으로 식성과 운동 방법을 완전히 바꾼다. 유충 시기에는 별로 돌아다니지 않고 오로지 먹기만 한다. 이때에는 위가 무거워도 상관없다. 날개돋이를 하여 성충이 되면 날아다니는 일이 가장 우선적인 일이 되며, 그때부터는 소화가 잘되는 것만 먹는다. 개중에는 성충이 되고 난 뒤 아예 아무것도 먹지 않는 것도 있다. 이처럼 곤충은 변태를 통하여 작은 크기의 단점을 극복한다. 곤충의 생활은 다름 아닌 크기와 밀접한 관계를 지니고 있다.

이 장을 마치면서 평소에 품어온 의문을 덧붙인다. 현재 땅 위를 장악하고 있는 동물 가운데 살아 있는 식물의 셀룰로스를 먹고 자력으로 소화할 수 있는 동물은 없다. 이것은 정말 불가사의한 일이다. 동물들은 진화 과정을 통해 실로 다채로운 생명형태를 만들어냈다. 특히 곤충의 경우 온갖 다양한 종이 있으며, 여러 가지 생활양식에 적응해 있다. 따라서 셀룰로스를 분해하는 효소(셀룰레이스)쯤은 진화시킬 만했다는 생각이 든다. 그런데 셀룰레이스cellulase를 가진 동물은 나타나지 않았다. 왜 그런 것일까?

나는 식물 생명의 핵심은 세포벽이라고 생각한다. 물론 엽록체도 생명의 원천이긴 하지만, 그것은 공생물이라는 설이 유력한 바, 이렇게 빌려온 것을 제외한다면 식물의 특징을 대표하고 그 존재의 기반을 이루는 것은 세포벽이라고 본다. 셀룰로스로 된 세포벽을 만들 수 있었기 때문에 식물은 바다에서 육지로 진출할 수 있었다. 세포벽은 건조를 막아주고, 중력에 의한 몸의 하중을 지탱해줄 수 있었다. 또한 식물은 움직이지 못하지만, 질긴 세포벽 때문에 육상으로 올라온 동물들에게 다 먹히지 않고, 오늘날까지 살아남아 지상을 푸르게 뒤덮을 수 있었다.

셀룰로스는 다당류이므로 분해되기만 하면 아주 훌륭한 영양분이 된다. 그런네노 이를 분해할 수 있는 동물이 하나도 없다는 사실은 오히려 식물들이 여간해서는 분해할 수 없을 만큼 교묘한 장치를 셀룰로스에 마련해두고 있다는 증거가 아닐까? 나는 그렇게 생각하고 싶다. 어쨌든 셀룰로스 세포벽은 먹히지 않아서 좋고, 건축 소재로도 훌륭한, 식물의 위대한 발명품이다. 우리는 아직까지도 나무로 집을 지어 그 덕을 보고 있다.

만일 곤충이 셀룰레이스를 만들 수 있다면, 아마 지상의 식물을 모조리 먹어치워서 자기 자신도 파멸하게 될 것이다. 그것은 마치 지구를 정복할 수 있으나 자칫 잘못하면 자신까지 파멸로 내몰게 되는 원자폭탄과 같은 최후의 병기가 될 것이다. 과연 장래에는 셀룰레이스를 독자적으로 만들어내는 곤충이 출현하게 될까?

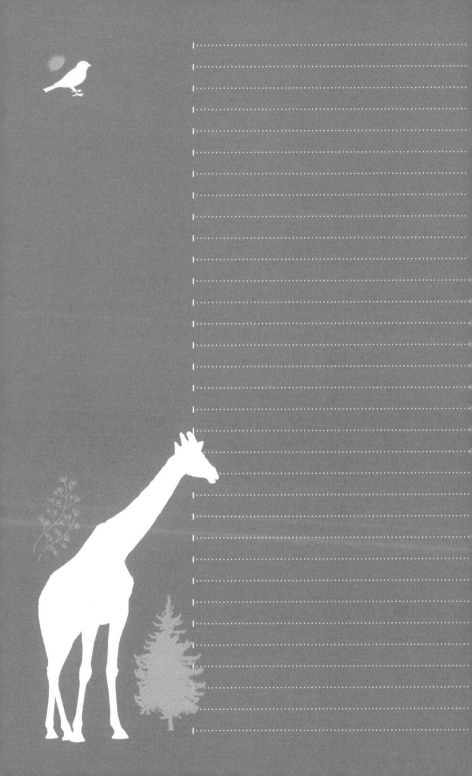

# 13

## 움직이지
## 않는
## 동물들

## 빛을 이용하는 산호와 나무

지금까지는 가장 동물다운 점, 즉 움직이는 것을 중심으로 크기 문제를 다루어왔지만, 이 장에서는 움직이지 않는 동물을 살펴보려 한다.

움직이지 않는 생물이라면 우선 나무와 풀을 들 수 있다. 나무와 풀은 움직이지 않아도 문제될 게 없다. 햇빛만 있으면 광합성을 통해 생존에 필요한 먹이(영양물질)를 만들어낼 수 있기 때문이다. 동물이 돌아다니며 활동하는 가장 큰 이유는 먹이를 찾는 것이다.

동물 중에는 마치 식물처럼 보이는 것이 있다. 산호초를 만드는 산호가 그렇다. 산호는 자포동물문 돌산호목에 속하는 동물로, 초礁를 만들기 때문에 조초造礁산호라 불린다. 같은 산호라도 보석으로 만드는 산호는 이와는 다른, 이 장의 후반부에 등장하는 팔방산호 무리이다.

요즘은 산호의 바닷속 사진이나 비디오를 접할 기회가 많기 때문에 다들 잘 알겠지만, 바닷속에서 나무처럼 가지를 뻗은 산호의 가지 사이로 밝은 청색이나 진한 노란색의 물고기들이 헤엉치고 있는 모습을 보면, 마치 아름다운 새들이 나무 사이를 날아다니는 모습을 보는 듯하여, 과연 산호는 바다의 아름다운 나무나 다름없다는 감탄이 저절로 나온다. 실제로 산호는 동물이지만, 반은 나무나 다름없다고 할 수 있다.

산호의 몸속에는 갈충조褐蟲藻라고 하는 조그마한 단세포식물이 대량으로 공생하고 있다. 산호는 자기의 조직량보다 공생하는 조류의 양이 더 많을 정도로 많은 조류를 세포 속에 데리고 사는데, 이들 공생 조류는 햇빛을 받아 광합성하여 만든 영양물을 주인인 산호에게도 기꺼이 나누어준다. 이렇게 산호는 몸 안에 자영 식물농장을 가지고 있는 셈이어서 먹이를 찾아 이리저리 돌아다닐 필요가 없다. 산호는 햇빛이 잘 드는 바닷속에 몸을 고정시킨 채 있기만 하면 먹이가 저절로 확보된다.

산호는 나무처럼 빛을 필요로 한다. 그래서 외형도 나무와 아주 흡사하다. 가지를 뻗은 산호나 잎사귀처럼 생긴 산호가 있는데, 그것은 고정된 면적이 한정된 조건에서 빛을 받는 면적을 가능한 한 크게 하기 위해서이다.

산호는 엄청나게 크게 자란다. 지름이 몇 미터나 되는 산호 덩어리도 발견되고 있다. 덩치가 크다는 것은 산호에게는 좋은 일이다. 어차피 산호는 광합성에 의존하여 살아가는 까닭에 빛을 받는 면적이 넓을수록 유리하며, 키가 클수록 음지에 들지 않아서 유리하다. 이런 점도 나무와 같다. 움직이지 않는 생물이 크게 자라는 데 적합한 건축법은 식물이 사용하는 벽돌 건축법이었다(11장). 산호도 벽돌 건축법을 사용하고 있다. 동일한 단위를 자꾸자꾸 쌓아올리는 방법이다. 다만 식물에서는 쌓는 단위가 세포 하나였으나, 산호에서는 세포가 아니라 개체가 단위로 쓰인다. 우리가 흔히 접하는 한 덩어리의 산호는 수많은 산호 개체가 모여서 된 군체다. 군체를 이루는 개체 하나의 크기는 수 밀리미터에서 수 센티미터 정도다. 이 개체들이 수없이 많이 모여서 한 덩어리의 군체를 이룬다(그림 13-1).

이 군체는 원래는 한 마리의 산호에서 비롯된 것이다. 산호의 일생은, 어미가 바닷물 속으로 알을 방출하면 정자와 합쳐져 수정란이 되는 데서 시작된다. 수정란은 난할을 반복하여 섬모를

**그림 13-1** 조초산호(뿔빛돌산호 무리)의 군체. 벌집 모양의 우묵우묵한 것 하나하나에 산호의 폴립(개체)이 있고, 그들이 모여서 덩어리 모양의 군체를 이룬다.

216

가진 플라눌라planula 유생이 되어 얼마 동안 바닷속을 떠돈다. 수주 뒤 유생은 바닥으로 가라앉아 들러붙은 뒤 변태하여 하나의 폴립이 된다. 폴립은 몸 둘레에 석회질을 분비하여 단단한 껍질을 만들고, 이 돌 같은 컵 속에 몸이 쏙 들어간 형태를 취함으로써 한 마리의 산호 개체가 완성된다.

이 개체는 몸을 둘로 나누거나 몸의 일부에서 눈을 내어 분리하는 방법으로 자기 주위에 자기와 똑같은 개체를 자꾸자꾸 만들어낸다. 새로이 생겨난 개체들은 모체로부터 분리되는 게 아니라, 몸의 일부가 붙은 채 있다. 이렇게 하여 군체가 형성된다. 완전히 같은 단위들이 서로 붙은 채로 덧붙여나감에 따라 군체가 자라게 된다.

산호는 말미잘과 아주 가까운 친척으로, 돌집을 가진 말미잘이라고 생각해도 된다. 부드러운 몸을 지닌 폴립이 단단한 돌집에 들어가 있는 구조를 하고 있기 때문이다. 폴립의 몸은 원통형이고, 원통의 뚜껑 부분 둘레로 가늘고 긴 팔(촉수)이 많이 나 있으며, 그 중심에 입이 있다. 산호는 대부분의 영양을 공생 조류로부터 얻고 있으나 인이나 질소 같은 것은 스스로 섭취해야 한다. 이런 사정은 식물에서도 마찬가지인데, 식물도 광합성만으로는 살 수 없으며, 뿌리에서 인이나 질소 등을 흡수하고 있다. 이때 산호는 역시 동물답게 촉수를 뻗어 근처를 지나가는 플랑크톤을 잡아먹음으로써 부족한 영양소를 보충한다.

폴립은 보통 낮에는 수축해 있고, 밤에는 늘어나 있다. 수축해 있으면 공생 조류에게 빛이 잘 들기 때문인 것 같다. 또 플랑크톤은 밤에 나와 떠다니는 것이 많다. 이렇게 폴립은 늘어났다 오므라들었다 해야 하므로 근육과 신경을 모두 갖추고 있다. 다만 아주 활발하게 움직이는 것이 아니기 때문에, 근육과 신경이 있기는 해도 그리 발달된 것은 아니다. 개체끼리는 연체부로 서로 연결되어 있고 신경도 연결되어 있지만, 군체 전체가 마치 하나의 척추동물처럼 통제가 이루어져서 재빠르게 반응할 수 있는 그런 정도는 아니다. 폴립 하나를 건드려주면, 건드린 강도에 따라 주위의 폴립들이 돌집 속으로 기어들어 숨는 정도의 협조 관계일 뿐이다.

한편 군체가 커감에 따라 오래된 개체들은 모두 죽게 되는데, 석회질 껍질은 그대로 남으며, 새로운 개체들이 그 위를 덮는다. 죽더라도 그 껍질은 군체의 크기를 유지하는 데 쓰이는 셈이다. 군체에는 새로운 개체들이 끊임없이 추가되어 크기는 계속 커진다.

나무도 멈추지 않고 생장을 계속한다. 거목이 되면 중심부는 죽고 그곳에는 세포벽만 남는다. 나무의 세포벽은 풀의 세포벽과 달리 리그닌lignin을 다량 함유하고 있다. 리그닌은 셀룰로스 섬유들을 접합시켜 굳혀주는 접착제 같은 기능을 하기 때문에, 나무의 세포벽은 놀라울 정도로 단단하며, 세포가 죽어서 물이 빠져나가더라도 짜부라지지 않고 몸을 지탱할 수 있다. 또 리그닌이 있으면 부패가 잘 되지 않기 때문에 죽어서도 세포벽이 파괴되지 않고 남아 있게 된다. 이렇게 죽은 세포가 나무의 굵기를 유지해주고, 무게를 지탱하는 힘이 되어준다는 점에서도 나무와 산호는 공통점을 가진다.

산호 개체 하나하나에는 수명이 있지만, 군체에는 정해진 수명이 없다(사실 산호 군체의 수명을 실제로 측정해본 사람도 아직 없다). 수명은 개체성과 밀접한 관계가 있다. 개체는 유전자를 넣어둔 일종의 주머니이며, 낡게 되면 새 것으로 교체하는 식이다. 그래서 생물 개체에는 수명이 있지만, 군체는 사정이 다르다. 산호의 군체는 오래오래 살아서 자꾸자꾸 커진다. 나무도 수명이 대단히 길며, 살아 있는 한 생장을 계속한다. 일본 야쿠시마에는 조몬삼나무라는 오래된 나무가 있는데, 수명이 수천 년이나 된다고 하니 이 정도면 정말 정해진 수명이라는 게 있는가 하고 의문이 들 뿐이다.

나무의 수명은 산호보다는 많이 조사되어 있다. 종류에 따라 수십 년에서 수천 년에 이르기까지 다양하다. 사는 환경과 수명은 서로 관계가 있으며, 대개 혹독한 환경에서 사는 것일수록 수명이 짧은 경향이 있다. 척추동물처럼 크기에 따라 수명이 결정되는 게 아니다.

나무와 산호는 생각하면 생각할수록 너무나 흡사하다. 이들이 닮은 점을 더 살펴보자.

동물이 자손을 만들 때에는 보통 어미가 난자를 만들고 아비가 정자를 만들며, 난자와 정자가 합쳐져 자손이 생긴다. 이런 생식 방법을 유성생식이라고 한다. 남성과 여성, 두 성이 관여하기 때문이다. 산호가 군체를 이룰 때처럼 분열이나 출아出芽로 자손을 늘리는 방법은 성과 관계가 없기 때문에 무성생식이라고 한다. 나무도 무성생식을 잘하는 생물이다. 대나무처럼 땅속 줄기로 증식하거나, 어떤 것은 기는줄기나 무성아로 증식한다. 또 나무는 가지 하나를 잘라내 심어두면 뿌리를 내려서 새로운 개체로 자라는데, 산호도 가지가 부러져서 떠다니다가 그것이 새로운 군체를 형성하는 것으로 알려져 있다.

산호와 나무를 함께 생각해보면, 한 그루의 나무가 과연 개체 일까 싶은 의문이 생긴다. 어쩌면 나무도 세포 하나하나가 개체 이고 나무 전체는 개체 세포들이 집합한 군체일지도 모른다. 이 것은 지나치게 극단적인 표현으로, 옳은 말은 아니다. 물론 나무 는 한 그루가 개체이다. 그런데도 굳이 그런 표현을 쓴 것은, 우 리에게 아주 익숙한 척추동물 같은 개체 개념으로 식물을 파악 하기는 어렵기 때문이다. 식물은 군체적 개체라고 보면 오히려 이해하기 쉽다.

당근의 세포 하나를 떼어내서 잘 배양하면, 그로부터 온전한 당근을 만들어낼 수 있다. 산호 군체에서 한 개체를 떼어내서 잘 기르면, 무성생식을 계속하여 새로운 군체가 형성된다. 하지만 쥐에게서 세포 하나를 떼어내서 배양해도 쥐를 만들 수는 없다.

동물세포는 몸을 지지하는 기능을 지지계에 맡기는 대신에 다른 여러 가지 기능을 수행하게끔 특수화되어 있다. 반면에 식

묶이나 산호처럼 같은 단위들이 모여서 된 것들은, 각각의 단위들이 작지만 전반적인 능력들을 구비하고 있기 때문에, 단위 하나로도 전체를 새로이 만들 수 있는 게 아닌가 싶다. 또 그래서 잃어버린 단위를 재생하는 능력도 강한 것 같다. 나무를 자르면 잘린 줄기에서 다시 싹이 나온다. 산호 군체의 일부가 물고기에게 뜯어먹히면 재생한다.

식물이나 산호가 군체로 된 이유 중 하나는 둘 다 '개체'가 단단한 껍질로 둘러싸인 '외골격'을 지닌 생물이라는 점이다. 산호의 폴립은 단단한 석회질 껍질인 외골격을 가지고 있고, 식물세포를 감싸고 있는 세포벽도 외골격이라 불러도 별로 상관없을 것이다.

외골격은 부드럽고 영양이 있는 부분을 단단한 껍질로 완전히 감싸주는 것이어서, 도망치지 못하는 고착성 생물에게는 안성맞춤이다. 다만 외골격에는 커다란 제약이 따른다. 몸의 바깥이 단단한 껍질로 덮여 있는 까닭에 어떤 방법으로 생장할 것인가가 문제가 된다.

곤충은 생장을 할 때, 큐티클 외골격을 정기적으로 벗어버린다. 조개 무리도 외골격을 지닌 대표적인 동물인데, 이들의 생장방법에도 대단한 비밀이 있다. 조개 무리는 석회질 껍데기로 몸을 완전히 감싸고 있는 게 아니라, 껍데기의 입만은 열어놓고 있다. 따라서 입 부분에 석회질을 씌워나가면 껍데기를 크게 만들 수 있는데, 거기에 약간의 문제가 있다. 껍데기의 형태가 단순한 원통형이었다고 생각해보자. 입 부분에 석회질을 덧붙여 나가면, 껍데기는 점점 가늘고 긴 모양을 취하게 되어 생장에 따라 껍데기의 전체 모양이 변한다. 이것은 좋지 않은 결과다.

소라나 달팽이의 껍질을 떠올려보자. 조개 무리의 껍질은 소용돌이 모양의 나선이다. 이 나선은 등각나선等角螺旋(로그나선)이라 불리는 것으로, 나선을 한 번 감고 또 감아 감은 횟수가 많아짐에 따라 나선을 감은 폭(바로 안쪽 나선과의 거리)이 일정한 비율로 증가한다. 이처럼 나선을 감는 방식으로 껍데기가 자라게 하면 크기가 늘어나더라도 모양은 변하지 않는다. 그냥 봐서는 감겨 있지 않은, 대합이나 모시조개 같은 조개들의 껍데기도 사실은 극히 완만하게 감긴 등각나선이다.

조개 무리에 속하는 동물은 기하학을 잘 알고 있다. 크기가 변하더라도 모양이 일정하게 유지되는 도형을 정확하게 알고 있는 것이다. 그러나 정답이 이것밖에 없다는 사실은 조개가 다른 모양은 취하려야 취할 수 없다는 의미이기도 하다. 이는 조개 무리에게는 엄청난 부자유이자 큰 제약이 된다. 그 때문인지 이 무리에서는 아예 껍데기를 벗어던진 종류도 적지 않다.

탈피나 등각나선같이 손이 많이 가는 생장 방법을 쓰지 않고도 외골격을 가질 수 있는데, 이것이 바로 산호나 나무가 쓰는 방법이다. 즉 개체는 생장하지 않는다. 대신 개체를 많이 만들어 군체로 생장한다.

## 군체—단위 구조의 이점

산호와 나무가 닮은 점은 햇빛을 필요로 하고, 움직이지 않으며, 고착생활하는 생물이 진화하여 같은 디자인을 갖게 되었다는 것이다. 그 디자인은 단단한 껍데기에 싸인 단위들이 집합한 '군체'였다.

먼저 군체를 이루는 단위의 특징을 생각해보자. 단위의 껍데기는 건축용 벽돌로, 힘을 받기 때문에 단단하고 압력에 견딜 수 있어야 한다. 산호의 껍데기는 탄산칼슘으로 되어 있어 놀라울 정도로 단단하다. 식물은 셀룰로스가 주이며, 나무처럼 좀더 단단해지려면 리그닌이 첨가되어야 한다.

이들 껍데기는 먹기 어려운 재료로 되어 있다. 탄산칼슘은 단단하여 먹을 수 없을 뿐 아니라 설령 먹는다 해도 영양분이 되지 않는다. 식물의 경우도 셀룰로스를 먹고 소화할 수 있는 동물은 거의 없다.

껍데기는 쉽게 분해되지 않으며, 개체 단위가 죽은 뒤에도 그대로 남는다. 사람은 이것을 건축 재료로 이용하기도 하는데, 나무나 산호 자신은 이런 우수한 성질을 힘들이지 않고 몸을 크게 만드는 데 이용한다.

단위의 건축비는 가능한 한 싼 것이 좋다. 산호의 껍데기를 만드는 재료인 탄산칼슘을 만드는 데에는 비용이 별로 들지 않는다. 바닷물에는 칼슘과 탄산가스(이산화탄소)가 많이 녹아 있으므로 조금만 수고를 하면 쉽게 탄산칼슘 형태의 침전물을 만들 수 있다. 반면 식물의 셀룰로스는 유감스럽게도 그리 쉽게 만들 수 있는 게 아니다. 식물은 자기의 생사를 걸고 세포벽에 투자한다고 봐야 한다(12장).

그러면 단위가 모여 이루어진 군체의 특징은 무엇일까? 햇빛을 더 많이 받기 위해서는 몸이 큰 쪽이 유리하다. 그래서 몸이 크고 움직이지 않는 생물은 단위 구조로 하면 쉽게 몸을 만들 수 있다. 똑같은 단위를 쌓아올리기만 하면 되므로 만드는 것도 간단하고 건축 비용도 싸게 먹힌다. 따라서 같은 비용을 기준으로 하면 단위 구조를 취하는 쪽의 몸이 크게 될 것이다.

각각의 단위는 분열이나 출아에 의해 무성생식적으로 증식한다. 새로운 개체가 분열을 통해 끊임없이 생겨나므로, 생장에 제한이 없다. 따라서 몸이 크게 될 수 있다. 이 단위들은 단단한 껍데기로 싸여 있고, 이 껍데기가 여러 힘을 지탱하며, 단위가 벽돌처럼 쌓이고 쌓여서 군체를 이룬다. 이 단단한 껍데기는 단위가 죽은 후에도 남아 있어 몸을 크게 만드는 데 아주 유용하다.

개체는 수명이 있으나 군체의 경우 새로운 개체가 자꾸 추가되기 때문에 수명이 없다. 고착성 생물에게는 토지가 최대의 재산이다. 일단 햇빛이 잘 드는 장소를 확보하면, 죽을 때까지 붙잡고 있는 게 상책이다. 만일 죽지 않는다면 더욱 좋은 일이다. 군체성은 수명이 거의 없다는 점에서도 고착생물에게는 더없이 좋은 체제다. 겨울이 되면 말라버리는 식물도 있지만, 뿌리나 구근이 남아서 봄이 되면 다시 무성생식으로 살아나는 식물도 많다. 이처럼 좋은 장소는 그렇게 호락호락 넘겨주지 않는 것이다.

어떤 곳이 개체가 살아가기에 적당한 장소라면, 그 장소를 무성생식으로 확보하는 것이 좋은 방법이다. 유성생식은 유전자를 다양하게 조합해서 자손을 다양한 환경에 적응할 수 있게 한다는 측면이 있다. 그러나 한 장소에서 부모와 같은 유전자를 가지고 살아가는 것이 확실히 유리하다면, 유전자의 조성을 바꾸지 않는 무성생식으로 증식하는 게 낫다. 이런 이유로 고착성 생물에서는 무성생식이 왕성하다. 물론 고착생활만 하고 있으면 자손을 널리 퍼뜨릴 수 없으므로 식물이나 산호는 유성생식도 한다.

볕이 잘 드는 양지는 빛을 차단하는 물체가 없고 눈에 띄기 쉬운 곳을 의미하며, 움직이지 않는다는 것은 달아나지도 숨지도 못함을 의미한다. 무슨 조치를 취하지 않으면 곧바로 잡아먹힐 것이 뻔한 곳이다. 따라서 양지에서 움직이지 않고 가만히 멈추어 있는 생물의 관심사는 뭐니 뭐니 해도 포식자 문제다. 단위들을 감싸고 있는 단단한 껍데기는 여기서 유용한 기능을 한다. 껍데기는 힘을 떠받쳐 자세를 유지하는 역할을 할 뿐 아니라 방어의 역할도 하는 셈이다.

단단한 껍데기는 셀룰로스나 석회질로 되어 있어 먹어도 영양이 되지 않는다. 또 고착성이어서 움직이지 않는 이런 생물에게는 근육이 별로 없다. 먹음직스러운 부분도 없고 지금거리는 뼈와 섬유질뿐이라면 포식자의 식욕을 돋우지 못할 것이다. 반대로 활발하게 움직이는 동물들은 멋진 근육이 있다. 빠르게 뛰어 도망칠 수 있다면 포식자의 눈에는 살(근육)이 잘 붙은 먹음직스러운 먹잇감으로 보일 것이므로, 빨리 뛰는 것으로 포식자와 승부를 내려는 것은 그만큼 위험한 게임이다.

단위 구조를 가진 녀석들은 이 밖에도 다른 여러 점에서 포식에 잘 견디는 성질을 지니고 있다. 단위 구조를 쓰면 몸집을 크게 할 수 있다. 몸집이 크면 다른 동물이 먹기가 어려워진다. 몸집이 작으면 통째로 삼킬 수 있지만, 몸집이 크면 아주 큰 포식자가 아니고는 통째로 삼킬 수가 없다. 그리고 동물의 개체수는 크기가 클수록 적어지기 때문에 큰 포식자는 그리 많지가 않다.

통째로 삼키지 못하고 일부를 베어먹는 경우도 물론 있을 수 있다. 단위 구조일 경우에는 몸의 일부를 베어먹히더라도 크기만 조금 작아질 뿐 기본적인 생활은 달라지지 않는다. 네발짐승의 경우 다리를 뜯어먹히면 걷지 못하고, 머리를 내주면 그 길로 아예 끝장이 나고 만다.

단위 구조일 경우에는 힘들이지 않고 몸을 만들 수 있으며, 무성생식으로 단위를 늘려나가기 때문에 뜯어먹힌 부분을 간단히 재생할 수 있다. 재생과 관련하여 단위 구조가 유리한 점은 또 있다. 네발짐승은 설령 잃어버린 다리를 재생할 수 있다 해도 재생되고 있는 다리는 거의 쓸 수가 없다. 온전한 길이까지 자라야만 원래대로 걸을 수 있다. 그런데 단위 구조일 경우에는 한 개만이라도 재생해놓으면 그것은 그때부터 나름대로의 기능을 수행한다. 가령 열 개의 단위가 먹혔다 하자. 열 개분의 광합성 양이 줄어들지만, 한 개를 재생하면 한 개분의 광합성 양은 회복된다.

빛을 필요로 하는 생물이 위쪽으로 뻗은 다른 것의 그늘에 들어가게 되면 큰일이다. 움직이지 못하기 때문에 이제 끝장인가 생각하기 쉽지만 그렇지 않다. 새로운 단위들을 그늘이 들지 않는 쪽으로 점점 만들어나가면 되기 때문에, 어느 정도 장소의 이동도 가능한 셈이다. 군체는 상황 변화에 따라 자기의 모양을 바꿀 수도 있다. 개체성인 것이 고착생활을 한다면 그렇게 하지 못할 것이다.

이렇게 살펴보면 단위 구조로 된 군체는 힘 들이지 않고 커다란 크기로 자랄 수 있고, 오래 살며, 포식자에게 쉽게 먹히지 않는다. 이것은 빛을 필요로 하는 고착성 생물에게는 지극히 우수한 디자인임이 분명하다.

## 흐름을 이용하다

육상에는 식물 이외에 앞에서 살펴본 것 같은 체제를 갖춘 생물이 없다. 그런데 바다에는 군체성 고착생물이 많이 살고 있다. 해조류나 산호는 빛이 필요하다는 점에서 나무와 같았지만, 그렇지 않은 것들도 이런 체제를 취하고 있다. 우렁쉥이(멍게), 이끼벌레, 팔방산호, 해면 등이 그렇다. 이들은 물의 흐름을 타고 밀려오는 미소한 입자들을 잡아먹는 현탁물 섭식자들이다. 몸을 물의 흐름 속에 머물러 있게 하면서 먹이가 올 때까지 가만히 기다리고 있는 동물들이다.

육상에는 이런 생활방식을 취하는 생물이 거의 없다. 그것은 공기와 물의 밀도가 다르기 때문이다. 물속에서는 물체가 모두 상당한 부력을 받는 까닭에 여간해서는 밑으로 가라앉지 않는다. 특히 생물의 조직은 비중이 대부분 물과 비슷하여, 생물이나 생물의 사체는 가라앉지 않고 둥둥 떠다닌다. 흐름이 있는 곳에서 기다리고 있으면 이들을 붙잡을 수 있다. 특별히 돌아다니지 않아도 먹을 것이 저절로 굴러드는 것이다.

공기 중에서는 이런 일이 있을 수 없다. 공기의 밀도는 물의 1,000분의 1인 까닭에 부력이 거의 작용하지 않으며, 따라서 공기 중의 물체는 곧장 땅바닥으로 떨어지고 만다. 공기 중에 그물을 펼쳐놓아도 그다지 걸려드는 게 없다. 스스로 날아다니는 것들만이 어쩌다 그물에 걸리는데, 그런 방식으로 먹이를 잡는 동물은 거미뿐이다.

산호초의 조금 깊은 부분에서 흔히 볼 수 있는 생물로 팔방산호가 있다. 앞에서 언급한 조초산호의 친척에 해당하는 자포동물인데, 보석으로 만드는 산호가 이 무리에 속한다. 팔방산호는 조초산호처럼 군체성 동물인데, 군체의 모양은 가지를 뻗은 나무 모양(그림 13-2)이거나 가지들이 동일 평면상에서 뻗은 부채 모양이다. 이들은 모두 바다 밑바닥에 고착하여 우뚝 선 채로 있다. 크기는 상당히 커서 사람 키를 넘는 것들도 있다. 팔방산호의 섭식법은, 군체를 이루는 각각의 개체가 작은 촉수들을 펴서, 물의 흐름을 타고 오는 입자들을 붙잡아 먹는 방식이다. 부채산호는 부채 모양을 하고 있어서 그렇게 불리는데, 부채의 자루 부분으로 해저의 바위에 몸을 고착시키고, 부채를 물의 흐름에 수직으로 세우고 있다. 물의 흐름을 막아 입자를 붙잡기에 매우 유리한 자세이다.

팔방산호처럼 자연의 흐름을 이용하여 먹이를 수집하는 생물을 호류성 현탁물 섭식자라고 한다. 물의 흐름을 좋아하여 흐름이 있는 곳에 산다 해서 붙여진 이름이다. 이런 것은 몸의 크기가 어느 정도 큰 쪽이 유리하다. 흐름에 접하는 면이 넓으면 그만큼 많은 먹이를 수집할 수 있고, 키가 크면 다른 것에 가려지지 않아서 물의 흐름을 잘 받을 수 있기 때문이다. 물론 어떤 것에도 가려지지 않고 흐름이 있는 곳에 우뚝 서 있으면 그만큼 남의 눈에 잘 띄게 되므로, 이들은 포식자에게 잡아먹히지 않을 어떤 방안을 강구해두어야 한다. 즉 흐름을 필요로 하는 고착성 생물도 빛을 필요로 하는 나무나 산호와 아주 유사한 상황에 처하게 되는 것이다. 그런 이유로 이들도 단단한 껍데기로 싸인 단위 구조를 이용하여 군체를 형성한다는 생각이 든다.

먹이를 수집하는 면적이 넓은 쪽이 유리할 경우에는 단위 구

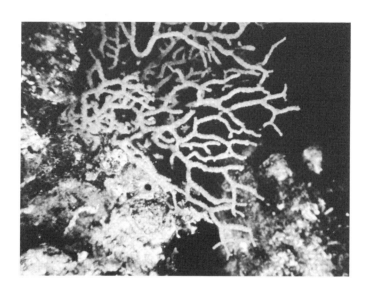

**그림 13-2** 나뭇가지 모양을 한 팔방산호 무리(부채뿔산호)의 군체.

조 방식이 좋다. 하나하나의 단위에 먹이 수집 장치를 달아두면, 몸 전체로 먹이를 수집하는 모양이 되기 때문이다. 식물은 각각의 세포에 많은 엽록체가 들어 있어서 단위세포에서 빛을 모으며, 산호와 팔방산호도 단위 하나하나에 먹이를 포착하는 촉수가 나 있다.

팔방산호의 껍데기는 특수한 단백질에 석회 입자를 섞어 만든 것으로, 이것은 단단할 뿐 아니라 대단히 유연하면서도 강하다. 손으로 팔방산호를 꺾으려 하거나 칼로 자르려 해도 여간해서는 꺾이거나 잘리지 않는다. 이 부드러움이 산호와 다른 점이다. 산호의 껍네기는 탄산칼슘 덩어리여서 매우 단단하기는 해도 부드럽지는 않다. 힘을 가하여 변형시키려 하면 뚝 부러져 버린다. 변형에는 상당히 약하다. 팔방산호의 껍데기와 산호의 껍데기가 이처럼 재질을 달리하는 까닭은 무엇일까?

팔방산호와 같은 호류성 현탁물 섭식자는 몸을 물의 흐름에 마주치게 해야 하므로 군체에 커다란 힘이 걸리게 되어, 강한 흐름이 밀려오는 경우에는 부러질 염려가 있다. 이때 껍데기가 부드러운 재료로 되어 있으면 강한 흐름이 들이닥치더라도 몸이 휘어져서 버드나무에 불어온 바람처럼 지나가듯이 받아넘길 수 있다.

얕은 곳에 사는 부채산호 무리 등은 파도가 밀려오거나 바뀜에 따라 자루 부분이 파도 방향으로 구부러졌다 펴졌다 한다. 여기에는 몸을 파도에 부러지지 않게 하는 것 이상의 의미가 있다. 몸을 뻣뻣하게 버티고 있을 경우에는, 파도가 왔을 때 순식간에 파도에 실려온 먹이 입자가 지나가버리고 만다. 그런데 몸이 파도와 함께 움직일 경우에는 몸이 물 입자와 함께 움직이게 되므로, 입자를 포착하는 데 그만큼 시간적 여유가 생긴다. 이건 좋은 일이다.

호류성 현탁물 섭식자가 사는 곳의 물 흐름은 그 방향이 언제나 일정하지는 않을 것이다. 방향이 변할 때 부채의 방향을 바꾸어주지 않으면, 먹이 입자를 포착하는 효율이 떨어진다. 이때 몸이 부드러운 재료로 되어 있으면, 풍향계처럼 흐름의 힘을 이용하여 몸을 비틀어 부채의 방향을 항상 흐름에 수직으로 유지할 수 있다.

결국 물의 흐름이 문제가 될 때는 껍데기가 그저 단단하기만 해서는 안 된다. 튼튼하면서도 부드러운 성질이 필요한 것이다.

산호도 바닷속에서 살고 있으므로 물의 흐름과 무관하지는 않으나, 호류성 현탁물 섭식자처럼 물의 흐름이 없으면 살 수 없을 정도로 깊은 관계는 아니다. 산호에게는 빛이 생활 기반이 되는데, 햇빛이 오는 방향은 변하는 것이 아니므로 호류성 현탁물 섭식자와 같이 흐름에 따라 몸의 방향을 조절할 수 있는 신체상의 부드러움이 반드시 필요하지는 않다. 산호는 탄산칼슘 껍데기를 사용하고 있다. 이 껍데기에는 부드러움은 없으나 단단하여 훌륭한 지지 및 방어 기능이 동시에 갖추어져 있으며, 특히 만드는 비용이 적게 드는 장점이 있다. 반면에 호류성 현탁물 섭식자는 부드러움을 얻기 위해 단백질과 같은 비싼 재료를 사용해야 한다. 이와 달리 산호는 비싼 재료를 사용할 것까지는 없다.

부드러운 재료는 방향을 바꾸는 것 말고도 쉽게 파괴되지 않는다는 장점도 있다. 산호는 군체의 모양을 바꿈으로써 파괴에 대처하고 있다. 파도가 강하지 않은 곳에 사는 산호는 가지가 섬세하게 갈라진 나무 모양을 하고 있거나, 얇은 잎사귀들을 이어붙인 모양을 하고 있다. 파도가 강한 곳에는 가지가 굵은 나무 모양 또는 덩어리 모양의 산호가 산다. 가지 많은 나무나 잎사귀 모양은 광합성에는 유리하지만, 가느다란 돌 가지나 얇은 잎은 힘이 가해지면 부러지기 쉽다. 돌덩어리일 경우에는 여간해서는 부서지지 않는다.

같은 산호 군체로부터 가지 두 개를 잘라내서 하나는 파도가 조용한 곳에 이식하고, 또 하나는 파도가 거친 곳에 이식한다. 둘 다 이식한 가지에서 군체가 재생되는데, 파도가 조용한 곳에 이식한 것은 섬세한 나뭇가지 모양의 군체를 형성하고, 파도가 거친 곳에 이식한 것은 굵고 투박한 가지 모양의 군체를 형성한다. 이것은 일본의 니시히라 슈코西平守孝 교수의 실험 결과인데, 실물을 제시하기에 들여다보고는 깜짝 놀라고 말았다. 이게 정말 원래는 같은 산호였나 하고 착각할 정도로 서로 달라져 있었다. 군체의 또 한 가지 장점은 이처럼 모양을 환경에 적합하게 만들 수 있다는 데 있다.

같은 현탁물 섭식자라도 우렁쉥이는 자기 스스로 물의 흐름을 일으켜서 유기물 입자를 체내로 흡입한 다음, 이를 여과하여 먹는다. 따라서 팔방산호와 달리 자연의 흐름이 있는 탁 트인 장소에 몸을 드러낼 필요가 없다. 그 때문인지 군체를 형성하지 않은, 개체로만 된 우렁쉥이도 많다. 물론 '단단한 껍데기에 싸인 단위 구조가 모여서 된 군체'를 만드는 것들도 적지 않다. 고착성 동물에게는 그것이 포식자로부터 살아남기에 좋은 체제인 까닭이다. 우렁쉥이의 껍데기는 셀룰로스와 비슷한 물질로 되어 있다. 우렁쉥이 무리에도 조류를 체내에 공생시키는 것들이 있다. 그런 것들은 군체성이다. '빛을 필요로 하는 고착성 동물은 군체를 이룬다'고 말해도 무리가 없을 것이다.

**14**

# 극피동물 –
# 조금만
# 움직이는
# 동물

## 성게의 가시와 캐치결합조직

물안경을 쓰고 바닷가에 가서 깊지 않은 물속을 들여다보면 흔히 밤송이같이 온몸에 가시를 단 성게를 발견할 수 있다. 근처에는 별 모양을 한 불가사리도 있을 것이다. 성게와 불가사리는 극피동물 무리에 속하는 바닷가 생물로, 우리에게 아주 낯익은 동물들이다.

성게와 불가사리가 우리에게 낯익은 동물이 된 이유는 무엇보다 눈에 잘 띄는 존재이기 때문이다. 그래서 그냥 무심코 물속을 들여다보아도 눈에 들어오게 마련이다. 이런 동물은 그리 많지 않다. 물론 앞장에서 다룬 산호나 팔방산호 같은 고착성 동물들도 보이는 곳에 꼼짝 않고 산다. 그러나 이들은 동물인지 식물인지 바위인지 도무지 분간이 안 된다. 도대체 동물 같지가 않다. 그런가 하면 고착생활을 하지 않는 동물은 보통 숨어 살거나 휙 하고 달아나버려서 그다지 쉽게 눈에 띄지 않는다. 이들과 달리 성게와 불가사리는 움직이기 때문에 분명히 동물이라는 생각이 드는데도 달아나지 않는 것이 특징이다.

성게는 눈에 잘 띄는 곳을 느릿느릿 기어다니면서 바위에 붙은 바닷말(해소류)을 뜯어먹으며 산다. 불가사리는 조개를 위에서 덮쳐서 몇 시간이고 꼼짝 못하게 붙들고 조개의 입을 강제로 열어 잡아먹는다. 이것은 아무래도 보통 동물의 상식에서는 벗어난 행동이다. 민첩하게 움직이지도 못하는 성게와 불가사리 같은 동물이 어떻게 먹이를 손에 넣을 수 있으며, 포식자에게 잡아먹히지도 않고 우리 눈에 잘 띌 만큼 번성하고 있는 걸까?

먼저 성게부터 살펴보자. 성게의 몸은 훌륭한 껍데기로 뒤덮여 있다. 껍데기에는 날카로운 가시들이 나 있다. 껍데기와 가시는 모두 탄산칼슘으로 되어 있으며, 매우 단단하다. 성게는 바늘로 뒤덮인 산이라 할 수 있다. 그 때문에 어설픈 포식자에게는 잡아먹히지 않는다. 가시의 '찌르는' 기능만이 포식자에게 효과를 발휘하는 것은 아니다. 가시가 있으면 그것이 방해가 되어 포식자는 성게의 몸에 도달할 수 없게 된다. 즉 단단한 막대를 많이 세워두면 막대의 길이만큼 몸의 크기가 커진다. 크기가 커지면 먹기가 어려워진다. 가시를 세우는 것은 몸의 크기를 손쉽게 키우는 좋은 방법이다.

그러나 몸이 큰 게 항상 좋은 것만은 아니다. 커진 만큼 몸을 숨기기가 어려워진다. 일반적으로 작은 구멍은 흔하지만, 큰 구멍은 많지 않기 때문이다. 바다가 거칠어졌을 때는 숨지 않으면 파도에 휩쓸려서 어디론가 흘러가 버릴지도 모른다. 뭍으로 밀려올라갈 염려도 있다.

성게의 기발함은 가시를 접어 개는 방식에 있다. 성게는 가시가 붙어 있는 껍데기 연결부가 관절로 되어 있어서, 가시를 세우거나 눕힐 수가 있다. 가시를 눕히면 성게는 껍데기 크기로 작아질 수 있기 때문에 바위 틈 같은 곳에서 쉽게 은신처를 찾을 수 있다. 가시 뿌리의 관절 부분은 마치 기계의 볼조인트ball joint 모양을 하고 있어서 360도 어느 방향으로나 가시를 접을 수 있다(그림 14-1). 관절을 둥글게 둘러싸는 모양으로 두 겹의 조직이 있어서, 이들이 가시와 껍데기를 연결하고 있다. 두 겹 가운데 바깥의 조직인 근육이 수축함으로써 가시가 움직인다. 안쪽의 조직은 내가 '캐치결합조직catch connective tissue'이라 명명했는데, 성게를 비롯한 극피동물 특유의 조직이다.

캐치결합조직은 굳기가 변하는 결합조직이다. 이 조직이 단단해지면 관절이 고정되어 가시가 세워진 자세를 유지한다. 사람이 손으로 움직이려 해도 끄떡도 하지 않는다. 그런데 성게가 스스로 가시를 움직일 때는 먼저 캐치결합조직을 부드럽게 푼다. 그렇게 풀면 관절이 움직일 수 있게 되어 가시는 근육이 수축한 방향으로 넘어간다. 즉 굳기가 변하는 결합조직이 가시의 자세 유지에 작용하는 것이다.

캐치결합조직이 바로 이 장의 새로운 주인공이다. 극피동물은 굳기가 변하는 캐치결합조직을 개발함으로써, 동작도 느리고 신경계도 잘 발달해 있지 않지만 해저에서 큰 크기로 당당하게 군림할 수 있게 되었다. 지금부터 극피동물의 이러한 성공담을 이야기하려고 한다. 이 이야기에는 크기의 문제도 얽혀 있다.

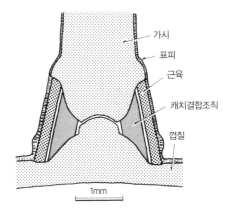

**그림 14-1** 성게의 가시가 붙은 자리의 관절 부분. 가시의 길이 방향으로 가운데를 자른 단면이다. (前田, 1978)

먼저 결합조직이 어떤 것인지 설명해두겠다. 결합조직은 우리 몸에서 힘줄이나 인대, 연골, 피부를 만들고 있는 조직이다. 복사뼈 부근을 만져보면, 뼈와 근육을 연결하는 아킬레스건을 찾아낼 수 있는데, 이것이 대표적인 힘줄이다. 또 닭고기를 먹어본 사람은 알겠지만, 관절 부분에 하얗게 빛나고 오독오독 씹히는 것이 있는데 그것이 연골이다. 이들 결합조직은 세포가 외부로 분비한 세포외 기질이 그 대부분을 차지한다. 세포외 기질의 주된 성분은 콜라겐collagen이라는 단백질 섬유와 글리코사미노글리칸(glycosaminoglycans, GAGs)이다.

콜라겐 섬유는 부드럽고 강한 섬유여서 큰 인장력에도 잘 견딘다. 쥐의 꼬리는 아주 순수한 콜라겐 섬유의 다발이다. 글리코사미노글리칸은 수많은 당이 길게 이어진 고분자로, 음이온을 많이 포함하고 있다. 이 음이온들이 글리코사미노글리칸 주위로 다량의 물을 끌어당긴다. 물은 압축이 잘 안 되는 물질이기 때문에 결합조직은 콜라겐과 글리코사미노글리칸의 배합에 의해 인장력과 압축력에 강한 훌륭한 건축 재료가 된다. 힘줄이나 연골, 피부 등의 결합조직이 지지계의 일부로 작용하여 힘이 걸리는 것도 이 때문이다.

일반적으로 결합조직의 굳기는 단시간에 변할 수 있는 게 아니다. 그런데 캐치결합조직은 순식간에 굳기가 변하며, 성게와 불가사리는 이런 특성을 자세 유지에 이용하고 있다. 일반 동물들은 자세를 유지하는 데 근육을 쓰지만, 극피동물은 다른 방법을 쓴다. 왜 그렇게 하는 걸까?

우리가 팔을 들어올리고 있으면 근육이 계속 수축돼 있다. 그래서 팔을 오래 들어올리고 있으면 근육이 피로해진다. 움직이지 않고 같은 자세를 유지한다는 것은 외부에 대해 일을 하는 것은 아니지만, 근육이 수축하고 있는 동안은 ATP를 분해하는 까닭에 계속해서 에너지를 사용하게 된다. 이는 효율이 좋은 경우가 아니다. 만약 들어올린 팔의 피부가 단단하게 되어서 버텨준다면, 근육이 쉬더라도 팔은 들린 채 그대로 있을 것이다. 즉 피부 '결합조직'의 굳기를 바꾸어주는 방법으로도 자세를 유지할 수 있다. 이것이 성게의 기발한 착상이다.

캐치결합조직의 '캐치'란 빗장을 의미한다. 문에 빗장을 걸면

문은 아무리 잡아당겨도 열리지 않지만, 이때 빗장이 문을 열려고 하는 힘에 대항하여 능동적으로 힘을 발휘하고 있는 것은 아니다. 따라서 빗장과 같은 기구로 피부가 단단해진다면, 빗장을 걸 때만 에너지가 들고, 일단 빗장을 걸어놓으면 외부로부터 아무리 강한 힘이 걸리더라도 에너지를 사용하지 않고 자세를 유지할 수 있다.

같은 개체에서 근육과 캐치결합조직을 떼어내서 산소 소비량을 측정하고, 에너지 소비를 비교해보았다. 캐치결합조직은 굳기가 변할 때에는 에너지를 제법 사용하지만 그 밖의 경우에는 근육에 비해 훨씬 적은 에너지 소비량을 보였다. 따라서 어쩌다가 한 번씩 움직일 뿐 대부분 꼼짝 않고 있는 경우에는 캐치결합조직으로 자세를 유지하는 것이 훨씬 경제적이다.

이와 달리 자세를 수시로 바꾸어야 하는 경우에는 그때마다 빗장을 걸거나 빼내야 하기 때문에, 에너지가 무시할 수 없을 정도로 많이 들게 되며, 캐치결합조직의 에너지 절약 효과도 무색해지게 된다. 이런 경우에는 캐치결합조직 같은 특수 장치를 만드는 데 그 나름의 에너지 투자가 필요한 만큼, 캐치결합조직과 근육 두 가지를 모두 유지하는 것보다는 근육만 유지하는 쪽이 경제적이고 간편한 방법이다.

이처럼 캐치결합조직은 어쩌다가 한 번씩 움직이는 동물에게 적합한 장치이다. 물론 이런 동물에게도 움직이기 위한 근육은 필요하다. 캐치결합조직은 굳기는 변할 수 있어도 스스로 수축

할 수는 없기 때문이다.

캐치결합조직의 빗장 장치는 아직 그 실체가 해명되어 있지
않다. 결합조직 내에는 칼슘 이온을 포함하고 있는 세포들이 있
고, 단단해질 때에는 칼슘이 세포 바깥으로 방출되는 것으로 보
인다. 이때 칼슘이 글리코사미노글리칸 같은 세포외 고분자들
사이를 연결하고, 그것이 빗장 역할을 해서 조직이 단단해지는
것으로 보인다.


## 불가사리의 외골격 같은 내골격

화제를 불가사리로 옮겨보자. 그림 14-2는 불가사리의 몸 표면
을 확대한 사진이다. 불가사리의 몸 표면에는 수 밀리미터 정도
의 작은 뼈(골편)들이 빽빽이 채워져 있다. 골편들은 탄산칼슘의
단일 결정으로 되어 있으며, 스테레옴stereom이라 불리는 미세
한 구멍이 아주 많다(그림 14-3). 이 구멍 속에는 뼈를 만들어내
는 세포가 있다.

불가사리 팔의 단면을 보면, 골편들이 조금씩 중첩되면서 체
벽 바깥쪽으로 둥글게 배치되어 있는 것을 알 수 있다(그림 14-
4). 골편 바로 아래의 두꺼운 층이 캐치결합조직이고, 캐치결합
조직층에서 뻗어나온 콜라겐 섬유들은 골편의 구멍 속으로 들
어가 있다. 즉 골편끼리는 캐치결합조직으로 연결되어 있는 셈

**그림 14-2** 푸른불가사리의 주사전자현미경 사진. 불가사리의 몸 표면에는 작은 골편들이 빽빽이 늘어서서 몸을 방어한다. 몸 표면을 덮고 있는 얇은 조직층을 가정용 표백제로 녹여내고 촬영한 것이다.

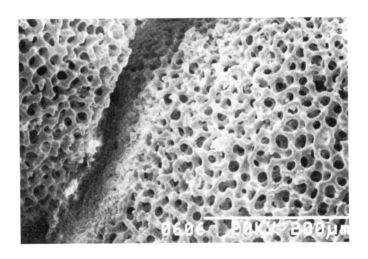

**그림 14-3** 불가사리의 골편은 마치 스펀지처럼 구멍투성이 구조를 하고 있다. 그림 14-2를 10배 확대하여 촬영한 것. 인접한 두 골편의 모습이다.

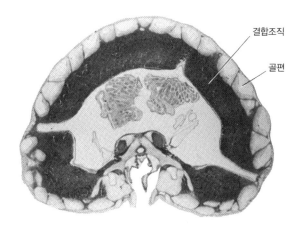

**그림 14-4** 푸른불가사리 팔의 횡단면. 골편들이 바깥 둘레를 기와 모양으로 포개어 둘러싸고 있다. 그 안쪽의 검고 두껍게 보이는 층이 결합조직층이고, 중앙에 하얗게 드러난 부분은 체액으로 가득 채워진 체강이다.

이다. 또한 극히 가느다란 근육 몇 가닥이 인접한 골편과 골편을 연결하고 있어서 이 근육이 수축함에 따라 골편 간의 위치를 조절할 수 있다.

작은 골편들을 캐치결합조직으로 얽어맨 옷을 입고 있는 것이 극피동물의 특징이다. 불가사리가 대표적인데, 성게의 껍데기도 마찬가지다. 성게의 가시는 골편의 모양이 뾰족해진 것으로 보면 된다. 이 갑옷이 얼마나 훌륭한 것인지 불가사리를 통해 알아보자.

불가사리는 몸 바깥을 뼈로 된 갑옷으로 감싸고 있어서 다른 동물에게 쉽게 잡아먹히지 않는다. 불가사리의 골격계는 우수한 방이용 껍데기로 뇌어 있다. 불가사리처럼 석회질 껍데기로 몸을 감싸고 있는 대표적인 동물이 조개인데, 조개와 불가사리는 껍데기의 기본 디자인이 다르다. 모시조개나 대합에서는 껍데기가 한 장의 커다란 뼈로 이루어져 있다. 그와 달리 불가사리의 껍데기는 작은 골편들로 나뉘어 있으며, 골편끼리는 결합조직으로 결합되어 있다.

껍데기를 작은 조각으로 나눈 것은 나름대로 의미가 있다. 막대와 쇠사슬을 비교해보면 알 수 있는데, 잘게 나누면 몸을 자유자재로 구부릴 수 있다. 불가사리는 옛날 장수들이 갑옷 속에 받쳐 입었던, 작은 미늘로 엮어 만든 옷을 입었다고 할 수 있다. 다만 미늘 하나하나에 자물쇠가 달려 있다. 불가사리를 손으로 건드리면 몸이 찰카닥하고 단단해져서 몸을 방어하게 되는데, 이때는 골편들을 결합하고 있는 캐치결합조직이 단단해져서 골편들의 위치를 고정시킨 것이다. 이에 따라 몸이 굳어져 변형되지 않게 된다. 이 자물쇠가 풀리면 불가사리는 몸을 자유자재로 변형시킬 수 있다. 여하튼 이 작은 골편과 골편의 연결부가 모두 관절로 작용하는 까닭에 놀라울 정도로 복잡한 변형도 가능하다. 시험 삼아 불가사리를 뒤집어놓으면 정말이지 일어나는 솜씨가 보통이 아니다. 이때 보여주는 몸의 유연성은 상당하다. 이런 재주가 가능한 것도 모두 캐치결합조직이 단단해지거나 부드러워져서 골편 간의 위치를 제어하기 때문이다.

껍데기를 작은 조각들로 나누어 만들면, 움직이기 쉽다는 것외에 좋은 점이 하나 더 있다. 잘 부서지지 않는다는 것이다. 하나의 커다란 판은 부서지기 쉽다. 일단 금이 가기 시작하면, 균열이 늘어나서 판은 쉽게 둘로 쪼개지고 만다. 과자 봉지를 미리 조금 찢어놓은 것은 이 원리를 응용한 것이다. 균열이 전파되지 않게 하려면, 판을 잘게 쪼개서 다시 얽어 붙여놓으면 된다. 탄산칼슘 덩어리로 된 뼈는 단단하기는 해도 부서지기는 쉽다. 따라서 한 장짜리 큰 판으로 만들면 쉽게 쪼개진다. 작은 조각으로 만들어놓으면, 잘 쪼개지지 않는다. 또한 뼈라는 것은 딱딱해서 압축력에는 강하지만 인장력에는 약하다. 콜라겐 섬유가 많은 결합조직은 인장력에 강하다. 이 두 가지를 조합하여 사용하는 까닭에 불가사리의 껍데기는 인장력과 압축력 둘 다에 아주 강하여 잘 파괴되지 않는다.

불가사리의 골격계는 몸 바깥쪽을 감싸고 있는 까닭에 외골격으로 작용한다. 그런데 엄밀하게 말해서 외골격은 아니다. 골격계 표면을 얇은 표피가 감싸고 있기 때문에 골격계는 살아 있는 조직의 안쪽에 있다. 따라서 불가사리의 골격은 정의상 내골격이다.

외골격 같은 내골격. 극피동물의 골격은 모두 이렇다. 극피동물은 왜 이렇게나 복잡한 방식을 취하고 있는 걸까?

잠시 곤충의 외골격 이야기를 떠올려보자(12장). 몸을 외골격으로 몽땅 덮어씌울 경우 방어용으로는 아주 좋지만, 어떤 방법으로 생장할 것인가라는 큰 문제가 발생한다. 곤충은 정기적으로 탈피를 하여 생장한다. 탈피는 위험한 작업이며, 크기가 커질수록 탈피에는 어려움이 따른다. 이런 어려움을 피하면서 외골격이 가지는 장점을 활용하려는 것이 바로 극피동물이 고안한 외골격 같은 내골격이다.

극피동물의 껍데기는 작은 골편들이 캐치결합조직으로 결합된 것이다. 캐치결합조직은 살아 있는 조직이며, 골편 속에도 살아 있는 조골세포造骨細胞가 들어 있다. 따라서 본래의 외골격처럼 몸 표면에 위치한 죽은 조직은 아니다. 내골격이라고는 하지만 몸 조직의 대부분은 골격계 안쪽에 위치하고, 바깥쪽에 있는 것이라고는 얇은 표피 한 겹밖에 없다. 골격계 자체도 뼈와 결합조직(힘줄)뿐이어서 다른 동물이 먹어도 맛이 없을뿐더러 영양가도 없다. 결국 포식자 입장에서 보면 성게나 불가사리는 온통 외골격인 셈이다. 생식소나 소화기관처럼 생존에 필수적인 부분은 단단한 껍데기 안쪽에 있어서 남의 손이 미치지 않는다. 이것이 외골격 같은 것의 이점이다.

한편 내골격의 이점은 생장시에 드러난다. 조개나 곤충이 생장할 때 외골격 때문에 얼마나 애를 먹는지는 앞에서 살펴본 대로지만, 극피동물의 껍데기는 외골격 같기는 해도 몸의 안쪽에 있고, 살아 있는 세포의 지배를 받고 있는 까닭에 사정이 전혀 다르다. 굳기를 자유자재로 바꿀 수 있는 결합조직으로 껍데기의 뼈와 뼈가 연결되어 있기 때문에, 극피동물이 생장할 때 캐치결합조직을 부드럽게 해주면, 골편들이 쉽게 겹치지 않도록 할 수가 있다. 겹치지 않도록 비껴놓으면 틈새가 생기므로, 골편에 석회를 첨가하여 크게 하거나 틈새에 새로운 골편을 만들어넣을 수도 있다. 따라서 탈피하지 않고도 크게 생장할 수 있다. 이것은 꽤나 새로운 방법이며, 이런 재주가 가능한 것도 다 내골격으로서 골편 속에 살아 있는 세포가 들어 있고, 특히 굳기가 변하는 캐치결합조직이 있기 때문이다.

이렇게 이야기하면 참으로 당연한 이야기처럼 들릴 것이다. 그런데 사실은 생장할 때 캐치결합조직이 부드러워진다는 것을 실증한 사람은 아무도 없다. 불가사리나 성게에서 껍데기의 골편과 골편을 결합하는 결합조직이 캐치결합조직인 것만은 확실하다. 그러나 생장이라는 것은 아주 느리게 일어나는 과정이기 때문에, 그때 정말로 굳기가 변하는지 어떤지를 실험적으로 확인하기는 대단히 어렵다. 다들 어떻게 증명할 것인가를 한창 연구하고 있는 중이다.

## 거미불가사리의 자절과 단위 구조

극피동물에는 성게, 불가사리, 해삼, 거미불가사리, 바다나리의 다섯 무리가 있다. 캐치결합조직은 이들 모든 무리에서 중요한 기능을 한다. 각 무리에서 캐치결합조직이 존재하는 대표적인 위치를 그림 14-5에서 보여주고 있다.

거미불가사리는 바닷가의 돌멩이를 뒤집으면 흔히 볼 수 있으니 직접 본 사람도 많을 것이다. 원반 모양의 몸체에서 다섯 가닥의 가늘고 긴 팔이 뻗어나오면, 팔이 뱀의 꼬리처럼 구불텅구불텅 움직인다. 사미류蛇尾類가 전문적인 분류 명칭이다. 영어로는 '끊어지기 쉬운 불가사리brittle star'라는 이름을 가지고 있는데, 팔을 붙잡으면 즉각 잘라버리고 달아나기 때문이다. 몸을 지키기 위해 신체의 일부를 스스로 잘라내는 현상을 '자절自切'이라고 한다. 상당수의 극피동물들은 자절을 하는데, 거미불가사리가 그 대표적인 예다. 극피동물은 왜 자절을 하는 걸까?

거미불가사리의 팔은 마치 우리의 척추처럼 같은 모양의 뼈들이 차례로 길게 연결되어 있다. 뼈의 이름도 척추골(완골腕骨)이다. 서로 인접한 척추골들은 관절을 만들고 있으며, 근육과 인대(결합조직의 끈)가 뼈와 뼈 사이를 연결하고 있다. 근육이 뼈에 붙는 부분은 힘줄(결합조직)로 연결되는데, 인대나 힘줄 모두 캐치결합조직으로 만들어져 있다. 거미불가사리의 팔을 붙잡으면, 붙잡힌 곳으로부터 조금 가까운 위치에 있는 관절의 캐치결합조직이 굉장히 부드러워지고, 그곳에서 팔이 끊어진다. 그리고 팔이 잘린 몸뚱이는 바위 밑 같은 데로 달아나 숨어버린다. 자절이 몸을 지키는 유효한 수단으로 이용되고 있는 것이다.

몸의 일부를 간단히 잘라낼 수 있는 것은 다름 아닌 굳기가 굉장히 크게 변하는 결합조직 덕분이다. 자절면의 부드러워진 캐치결합조직은 눅진눅진한 가루죽 같은 느낌으로, 아무런 저

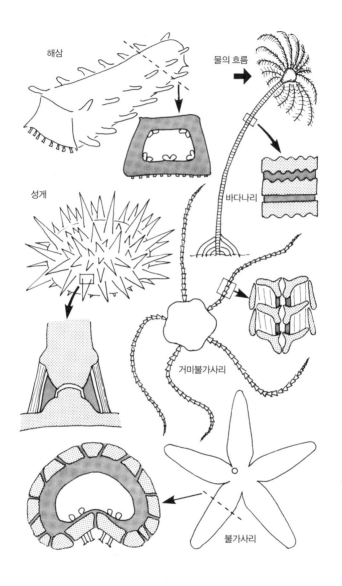

해삼

물의 흐름

성게

바다나리

거미불가사리

불가사리

**그림 14-5** 캐치결합조직은 여러 극피동물의 다양한 부분에서 작동한다. 회색 부분이 캐치결합조직이고, 점 무늬로 표시한 부분은 뼈이다.

항도 없이 거기서 팔이 스르르 떨어져나간다. 잘라내고자 할 때 잘라낼 수 있는 것은 캐치결합조직이 있기 때문이다. 그렇다고 해서 몸의 일부를 무조건 잘라낼 수 있는 것은 아니다. 잘라내도 그다지 큰 손상을 입지 않고 회복할 수 있어야지, 그게 아니라면 쉽게 잘라낼 수는 없을 것이다.

거미불가사리의 팔은 같은 모양의 뼈들이 연속적으로 연결되어 있다. 팔 하나로 보면, 같은 단위가 반복하여 연결되어 있으므로 단위 구조라고 할 수 있다. 단위 구조의 장점은 13장에서 설명했다. 몸이 단위 구조로 되어 있으면, 단위를 어느 정도 손상당하더라도 그것이 치명상이 되지는 않으며, 손상당한 부분은 간단히 재생할 수 있다. 특히 극피동물의 경우는 근육에 별로 의존하지 않는데, 팔의 대부분은 뼈와 결합조직으로 되어 있다. 근육과 같은 세포조직을 만들기보다는 뼈와 결합조직 같은 세포외 기질을 만드는 것이 비용이 훨씬 적게 들기 때문에 재생은 비교적 쉽게 이루어질 수 있다. 이런 계산이 가능하기 때문에 거미불가사리는 안심하고 몸의 일부를 잘라낼 수 있다.

단위 구조에 대해서는 앞장에서 산호의 경우를 살펴보았는데, 거미불가사리와 산호는 큰 차이가 있다. 산호의 군체는 완전한 단위 구조지만 거미불가사리는 몸의 일부만 단위 구조로 되어 있어, 군체성이 아니다. 거미불가사리의 상당수는 호류성 현탁물 섭식자로 본체는 바위 틈에 숨기고 긴 팔만 밖으로 내밀어 물의 흐름에 따라 밀려오는 입자들을 붙잡아 먹는다. 잡아먹힐 위험에 노출되는 팔 부분만 단위 구조로 되어 있다는 것은 의미 심장한 일이다.

바다나리는 현존하는 극피동물 중에서 가장 원시적인 무리다. 바다나리에서도 거미불가사리와 유사한 자절과 재생이 관찰된다. 바다나리는 심해에 사는 극피동물로 호류성 현탁물 섭식자. 나리꽃 같은 외모 때문에 그런 이름이 붙은 것인데, 이는 죽은 표본만 보았기 때문이며, 살아 있는 것은 꽃 모양이 훨씬 잘 펼쳐져 있어서 마치 살만 남은 우산 같은 느낌을 준다(그림 14-5). 긴 자루 부분으로 해저에 고착해 있고, 자루의 끝 부분에 본체가 매달려 있으며, 본체에서는 다섯 가닥 내지 그 이상의 팔이 우산살처럼 뻗어나와 있다. 이 팔들 사이로 흘러 지나가는 입자들을 팔에 나 있는 작은 발(관족)로 잡아들인다. 관족은 수압으로 움직이는 작은 기관인데, 성게나 불가사리는 이것을 걷는 데도 이용한다. 바다나리의 팔들은 단위 구조로 되어 있으며 자절을 행한다. 또 자루 부분도 단위 구조로 되어 있어서 여기서도 쉽게 자절과 재생이 일어난다.

불가사리도 팔을 잘라내고 재생하는 경우가 흔하고, 해삼도 장을 토해내고 재생한다거나 껍질을 포식자에게 벗어주고 도망친 다음 다시 껍질을 재생하는 것으로 알려져 있다. 극피동물에서는 자절과 재생이 매우 빈번하게 일어난다. 몸의 일부를 간단히 잘라낼 수 있는 것은 몸의 구성 요소들을 결합하고 있는 결합조직이 캐치결합조직이기 때문이다.

# 진화와 지지계

극피동물의 지지계(골격계)는 작은 골편들이 캐치결합조직으로 얽어매어진 것으로, 다른 동물에서는 볼 수 없는 독특한 것이다. 극피동물은 왜 이런 것을 갖게 되었을까? 이는 극피동물의 진화와 관련이 있다.

극피동물은 뼈를 가지고 있어서 화석으로 남기가 쉽다. 캄브리아기 초기의 지층에서는 아주 훌륭한 화석들이 발견되고 있다. 이 화석들을 살펴보면 분명히 현존하는 불가사리처럼 몸 전체가 기와 모양으로 서로 포개진 작은 골편들로 뒤덮여 있다. 이 골편들을 하나로 결합하고 있던 것이 캐치결합조직이었는지를 화석으로는 판단할 수 없지만, 현재 살고 있는 모든 극피동물이 캐치결합조직을 갖고 있다는 사실과 극피동물의 계통수로 추측해보면, 극피동물은 진화상 상당히 이른 시기에 이미 캐치결합조직을 가지고 있었다고 보아도 좋을 것 같다. 따라서 현재 극피동물의 특징인 '작은 골편들이 캐치결합조직에 의해 하나로 엮인 지지계'는 상당히 일찍부터 출현했다고 볼 수 있겠다.

초기의 극피동물은 모두 바다 밑바닥에 고착하여, 물의 흐름 속으로 몸을 내밀어 입자들을 붙잡아 먹는 호류성 현탁물 섭식자였다. 다양한 극피동물이 나타나서 고생대의 바다 밑을 지배할 정도로 크게 번성했다. 바다나리는 그때 살아남은 것이다.

여기서 호류성 현탁물 섭식자의 지지계는 어떤 성질의 것이 좋았을지 생각해보자. 또 그것을 극피동물의 것과 비교해보자 (표 14-1). 이러한 비교를 통해 극피동물의 지지계가 호류성 현탁물 섭식에 적응한 결과로 생겨난 것이라는 상상이 가능하다.

먼저 호류성 현탁물 섭식자의 지지계의 역학적 성질은 어떤 것일까? 그것은 물의 흐름에 대항하여 자세를 유지할 수 있을 만큼 견고하면서도 흐름의 방향이 바뀌면 휘어져서 방향을 바꿀 수 있을 만큼 부드럽기도 해야 하며, 또 강한 흐름이 밀려와 도 파괴되지 않을 만큼 강해야 한다.

| | 호류성 현탁물 섭식자의 지지계 | 극피동물의 지지계 (작은 골편들이 캐치결합조직에 의해 결합되어 있는 지지계) |
|---|---|---|
| 역학적 성질 | • 단단하다(흐름에 대항하여 자세를 유지한 다).<br>• 부드럽다(물 흐름의 변화에 대응한다. 강한 흐름을 피해갈 수 있다. 먹이 입자를 붙잡는 효율이 높다).<br>• 강하다(물 흐름에 파괴되지 않는다). | • 캐치결합조직의 굳기를 변화시킴으 로써 단단하게도 부드럽게도 할 수 있다.<br>• 작은 압축 요소가 인장 요소로 연 결된다. |
| 경제성 | • 건축비(큰 몸집을 만든다)<br>• 유지비(자세 유지) | • 세포외 기질을 많이 사용<br>• 캐치결합조직(근육에서는 아님) |
| 방어 | • 탁 트인 곳에서 고착생활하는 까닭에 매우 양호한 방어 수단이 필요 | • 단단한 '껍데기'가 되는 세포외 기질 이 많은(영양가가 적은) 골편<br>• 가시 등의 부속물<br>• 자절 행동 |

**표 14-1** 극피동물 지지계의 특징(오른쪽)은 호류성 현탁물 섭식자의 지지계가 필요로 하는 성질(왼쪽)을 잘 만족시킨다.

극피동물의 지지계는 물의 흐름에 대항해 자세를 유지하는 것이 필요하면 캐치결합조직이 굳어져 매우 견고하게 변하고, 부드러움이 필요할 때는 캐치결합조직이 부드럽게 변한다. 게다가 작은 골편들이 캐치결합조직으로 결합되어 있는 극피동물의 지지계는 균열이 전파되기 어려워서 잘 파괴되지 않고 강하다. 따라서 역학적 성질에 관한 한, 극피동물의 지지계는 호류성 현탁물 섭식자의 지지계로 매우 적합하다고 말할 수 있다.

지지계의 경제성은 어떠할까? 호류성 현탁물 섭식자의 몸은 어느 정도 큰 쪽이 유리한데, 적은 비용으로 몸을 크게 만들 수 있으면 좋다. 게다가 장시간 물의 흐름에 대항하여 서 있어야 하기 때문에 자세 유지에 에너지를 별로 사용하지 않는 것이어야 한다.

극피동물 지지계의 경제성은 어떠한가? 골편은 탄산칼슘이므로 바닷속에서 얼마든지 구할 수 있는 값싼 재료이다. 캐치결합조직도 뼈를 만드는 것보다는 비용이 더 들겠지만, 세포외 성분이 대부분이어서 세포를 만들어 그것을 유지하는 방식에 비해서는 건축비와 유지비가 적게 먹힌다. 역시 핵심은 자세 유지비 문제인데, 이것은 캐치결합조직을 사용하기 때문에 근육으로 자세를 유지하는 것에 비해 훨씬 싸게 먹힌다. 또한 몸이 큰 것도 에너지 소비를 적게 하는 데 기여할 것이다. 따라서 이 점에서도 합격이다.

포식자에 대한 대책은 어떨까? 호류성 현탁물 섭식자는 고착성이고, 탁 트인 곳에서 생활하므로 다른 동물이 먹기 힘들어야 하고, 또 몸의 일부를 먹히더라도 어떻게든 회복할 수 있어야 한다.

극피동물의 외골격 같은 내골격은 훌륭한 방어 수단이 된다. 또 몸 표면에 작은 골편들이 하나로 묶인 지지계가 있어서, 골편의 모양을 조금 뾰족하게 만들어주면 가시를 간단히 낼 수 있다. '가시 난 피부'라는 뜻의 '극피棘皮'라는 이름이 붙은 것도 이 때문인데 역시 훌륭한 방어 수단이 된다. 또 앞에서 보았던 것처럼 대적하기 어려운 적에게는 자절을 하여 몸의 일부를 떼어주고 재생하는 방법도 있다.

이렇게 극피동물의 지지계는 호류성 현탁물 섭식자의 지지계로서 갖추어야 할 성질을 모두 만족시키고 있다. 이러한 사실을 거꾸로 생각하면, 극피동물에 특수한 '작은 골편들이 결합된 지지계'는 호류성 현탁물 섭식에 적응하면서 진화해온 결과라고 해도 될 것이다.

## 극피동물의 수수께끼

리비 하이만Libbie Hyman이라는 유명한 동물학자가 있다. 그녀는 동물계를 다 기록했다고 할 정도로 원생동물부터 척추동물까지 각 동물군마다 두꺼운 책을 하나씩 저술했는데, 그중에서

1955년에 내놓은 《극피동물편Echinodermata》은 특히 명저로 알려져 있다. 그녀는 그 책에서 "극피동물은 동물학자가 불가사의에 빠져들도록 디자인된 고귀한 동물군이다"라고 썼다. 이 말은 지금도 지당한 얘기로 받아들여질 정도로 유명해졌다.

동물에 관한 일이라면 무엇이든 사랑했던 그녀가 그렇게 말할 만큼 극피동물은 대단하다 하겠는데, 정말 그럴까 하는 생각도 든다. 다른 동물들과 다르면서 그 이유가 설명되지 않는 극피동물의 불가해한 점들을 그녀의 책에서 모아보았다(표 14-2). 표를 살펴보면 과연 하이만이 그렇게 말할 만했다는 생각이 든다. 캐치결합조직에 관한 것은 내가 추가한 것이다. 이것이 발견

---

1. 바다 밑바닥에 산다.
2. 수관계(관족)
3. 작은 골편들로 이루어진 지지계
4. 캐치결합조직
5. 커다란 몸
6. 낮은 에너지 소비
7. 가시 등의 부속물
8. 자절과 재생
9. 다섯 방향의 방사대칭
10. 중추신경계가 확실하지 않다.
11. 군체성인 것이 없다.
12. 바다 생활(담수나 육상에는 살지 않음)
13. 기생성인 것이 없다.

**표 14-2** 극피동물의 불가사의한 성질

된 것은 1966년이었는데, 나의 은사인 다카하시高橋景一가 발견한 것이다. 일반에 널리 알려진 것은 1984년 이후였기 때문에 물론 하이만은 알지 못했다.

캐치결합조직처럼 다른 데서는 찾아볼 수 없는 완전 불가사의한 것까지 발견되었으니 극피동물의 수수께끼는 점점 더 미궁 속으로 들어간 것처럼 보였다. 하지만 나는 이 난해한 수수께끼에 도전했다. 캐치결합조직이 발견됨으로써 수수께끼가 더 어려워졌을까? 아니다. 그렇지 않다. 캐치결합조직을 생각해보면 극피동물의 수수께끼라고 했던 문제들이 모두 풀리게 된다.

표에 열거한 순서대로 수수께끼를 풀어보자. 극피동물은 바다 밑바닥에 고착한(성질 1) 호류성 현탁물 섭식자로 출발했다. 표에 올린 다른 성질들은 그런 생활에 적응하는 과정에서 생겨났다고 볼 수 있다. 성질 1은 으뜸가는 전제 조건이다.

호류성 현탁물 섭식자는 먹이 입자를 포착하기 위한 신축성 있는 작은 기관을 몸 전체에 필요로 하는데, 그것이 관족이다(성질 2).

작은 골편들이 캐치결합조직으로 결합된 지지계(성질 3, 성질 4)는 앞에서 본 대로 호류성 현탁물 섭식자의 지지계로서 매우 우수한 것이었다. 성질 5부터 성질 8까지는 이 지지계의 특징에서 나온 것으로, 역시 앞에서 살펴본 대로 호류성 현탁물 섭식자로 적응한 결과이다. 이 책의 주제와 관련되는 것으로서, 커다란 몸(성질 5) 역시 호류성 현탁물 섭식자로 적응한 결과이며, 그것을 만드는 데는 극피동물의 지지계가 안성맞춤이다.

불가사리가 전형적인데, 극피동물은 별 모양을 하고 있다(성질 9). 이것도 호류성 현탁물 섭식자에게 유리한 성질이라는 주장이 있으나 자세한 것은 생략한다.

극피동물은 중추신경계가 발달해 있지 않은데(성질 10), 그저 우두커니 서 있기만 해도 먹이를 얻을 수 있는 동물에게 복잡한 신경계는 필요 없다. 활발한 활동을 하는 동물들이야말로 발달된 신경계가 필요하다. 만일 극피동물을 "머리가 나쁘다!"고 경멸한다면, "나쁜 꾀를 짜내지 않으면 살아갈 수 없는 생활을 하고 있는 쪽이야말로 정말 바보!"라고 받아칠지도 모른다.

극피동물에는 군체성인 것이 없다(성질 11). 이 동물 무리는 이미 팔이나 자루에 단위 구조를 채용하고 있어서, 다시 군체가 될 필요는 별로 없지 않을까 싶다. 팔이나 자루 이외의 본체 부분은 하나밖에 없다. 따라서 이 부분을 잡아먹히면 보통의 동물은 치명상을 입게 되므로 군체성을 취해야 하겠지만, 극피동물의 경우는 왕성한 재생력으로 자루에서 본체 부분을 재생해버린다. 이런 재주를 부릴 수 있다면 굳이 군체성을 취할 필요가 없지 않을까 싶다.

성질 12와 성질 13은 캐치결합조직의 성질에서 유래하는 제약이라고 나는 생각하고 있다. 캐치결합조직의 굳기는 결합조직의 세포외 성분을 담고 있는 용액의 이온 농도, 특히 칼슘 이온의 농도에 큰 영향을 받는다. 아마도 세포 밖의 이온 농도를 제어하는 것은 세포 내의 이온 농도를 제어하기보다 어려울 것이므로, 극피동물은 평소 살고 있는 바다 이외의 다른 이온 환경에서는 살 수 없는 게 아닐까? 즉 담수(성질 12)나 다른 동물의 체내(성질 13)에는 들어가 살 수 없을 것이라는 게 내 생각이다.

이상과 같이 살펴본 바에 따르면, 극피동물의 불가사의한 성질은 모두 해저에 고착한 호류성 현탁물 섭식자로서 적응한 결과로 이해할 수 있다.

자, 어떤가? 이만하면 대단히 뛰어난 추리라고 기뻐할 만도 하지만, 아직 문제가 남아 있다. 지금까지 살펴본 것은 고착성으로 호류성 현탁물 섭식을 하는 것만을 대상으로 했지만, 표 14-2는 현존하는 모든 극피동물에 적용되는 성질이다. 지금도 바다나리를 비롯하여 호류성 현탁물 섭식법을 취하는 것들이 있기는 하나, 상당수 극피동물은 고착생활을 하지 않고 현탁물 섭식도 하지 않는다. 표 14-2는 그러한 동물에도 그대로 적용된다. 따라서 아직은 수수께끼가 모두 해결되었다고 할 수 없다.

표의 성질은 고착생활을 하지 않는 것들에도 적용된다. 그리고 초기의 극피동물은 고착성이었다. 결국 이는 고착성에서 진화하여 자유롭게 돌아다니며 생활하게 된 극피동물이 조상으로부터 물려받은 성질을 계속 지니고 있는 편이 유리했음을 의미한다. 그 이유를 생각하기에 앞서 고착생활에서 자유 생활로 변해가는 과정에 관해 살펴보자.

고착생활을 하던 조상으로부터 진화하면서 자유로이 돌아다니는 극피동물이 생겨났다. 이건 정말 이상한 일이다. 자유 생활자가 고착 생활자로부터 나올 리가 없다. 고착 생활자는 움직이지 않으므로 신경계나 운동계가 모두 퇴화하고 만다. 일단 그렇게 되면 다시 신경계와 운동계를 새로이 만들어 돌아다니는 것은 지극히 어려운 일이다. 따라서 고착 생활자는 진화의 막다른 골목으로 들어선 것이다. 그렇지만 극피동물은 동물학의 상식에 반하여 고착 생활자로부터 자유 생활자를 진화시켰다. 클라크R. B. Clark는 이를 '이변'이라고 표현했다. 그는 생물공학의 사고방식을 동물 진화에 도입한 사람인데, 이 책 후반부의 기본적인 입장은 그의 방법을 따르고 있다. 그가 왜 그렇게 표현했는지 알아보기로 하자.

이 수수께끼도 극피동물의 지지계와 관족을 생각해보면 풀수 있을 것이다. 극피동물의 지지계는 산호 등과는 다르며 굴곡이 있다. 몸이 완전히 굳어 딱딱하다면 움직일 수가 없겠지만, 극피동물의 경우는 캐치결합조직이 있다. 캐치결합조직이 부드러워지면 작은 골편끼리 서로 미끄러질 수 있으므로 몸을 자유롭게 구부릴 수 있게 된다. 이것은 운동하는 데 좋다.

관족도 자유 생활자로 변해가는 데 큰 역할을 수행했다고 본다. 섭식 기관인 관족은 몸속에 분포해 있으며, 작으면서도 신축성이 있어 이것을 사용하면 나름대로의 운동도 가능하다. 실제로 성게나 불가사리, 해삼도 관족을 사용하여 기어다닌다.

이상은 진화적으로 어떠했을지를 상상해본 것인데, 현재 살아 있는 극피동물들에서 볼 수 있는 것으로, 고착생활로부터 자유 생활로 이행하는 과정에서 캐치결합조직이 관여하는 실례가 있다. 극피동물 중에 갯고사리라고 하는 바다나리의 친척이 있다. 물 흐름이 좋은 바위 위에서 진을 치고 호류성 현탁물 섭식을 하는데, 팔을 이용하여 헤엄을 치거나 운동할 수가 있다. 갯고사리는 자루가 빠진 바다나리라고 생각하면 된다. 실제로 갯고사리가 아직 어릴 때에는 바다나리와 똑같이 해저에 고착해 있다. 적당한 시기가 오면 자루에서 우산 부분이 툭 떨어져, 갯고사리는 자유 생활로 옮겨간다. 이때 우산과 자루를 결합하고 있던 캐치결합조직이 부드러워지고 우산이 분리되어 나온다고 한다. '개체발생은 계통발생을 반복한다'라고 간단히 말할 수 있는 건 아니지만, 똑같은 일이 갯고사리가 바다나리에서 진화할 때에도 일어났던 거라고 하면 안 될까? 만일 그랬다면 캐치결합조직은 고착 생활자로부터 자유 생활자로 진화하는 과정에 직접 관계한 것이 된다.

이것으로 클라크가 제기한 의문에 답이 되었다고 생각한다. 고착성으로 호류성 현탁물 섭식을 한 초기의 극피동물은 고생대의 바다를 주름잡은 대표적인 동물이었다. 그랬던 것이 지금은 심해에 바다나리가 간신히 살아남아 있는 데 불과하다. 거기에는 물고기라고 하는 강력한 포식자의 출현이 관련되어 있다고 할 수 있다. 난폭한 포식자가 있을 때는 탁 트인 곳에서 언제까지나 고착해 있기보다는 필요한 때에만 나다니고, 그 밖에는 숨어 있는 편이 낫다.

움직이게 되면 먹이를 구하러 돌아다닐 수 있으므로, 식생활도 선택할 수 있다. 그렇기는 해도 어제까지 고착생활하던 녀석에게 달아나는 먹이를 쫓아가서 잡아먹을 정도의 민첩성을 기대하기는 어려울 것이다. 따라서 도망치지 않는 먹이를 찾게 되는데, 도망치지 않는 먹이란 도망치지 않고서도 버틸 만한 이유가 있는 것으로, 먹이로는 별 값어치가 없는 것으로 평가되는 것들이다.

예를 들면 성게의 먹이는 해조류이다. 해조류는 햇빛이 드는 장소에 살고 있는데, 이렇게 탁 트인 곳에서 식사를 하고 있으면 식사 중에 포식자에게 발견되기 십상이다. 여기서 호류성 현탁물 섭식자였던 조상에게서 물려받은 훌륭한 방어 수단이 성게에게 도움이 된다. 해삼은 모래를 집어먹어, 그 속에 든 유기물을 영양으로 삼는 동물이다. 이렇게 영양가가 낮은 먹이를 먹고도 살아갈 수 있는 것은 바로 조상에게서 에너지 소비가 적은 몸을 물려받았기 때문이다. 에너지 소비가 낮은 것은 몸집이 큰 것과도 관련이 있다. 모래를 뱃속에 가득 채워서 무거워진 몸을 비틀비틀하면서도 포식자에게 먹히지 않는 것은 조상에게서 물려받은 멋진 방어 수단이 있기 때문이다.

불가사리는 조개를 잡아먹는다. 불가사리는 굴이나 조개 양식업에 커다란 적이다. 불가사리는 조개를 다섯 개의 팔로 끌어안고 수많은 관족을 조개의 껍데기에 흡착시켜서 껍데기를 연다. 물론 조개도 필사적으로 버티기 때문에 그리 간단히 열리지는 않는다. 몇 시간이나 걸려서 가까스로 껍데기가 아주 조금 열리면 불가사리는 위를 뒤집어 입밖으로 꺼내서, 그것을 껍데기의 틈을 통해 조개 속으로 밀어넣고 소화액을 분비하여 그 자리에서 조개를 녹여 소화된 양분을 흡수한다. 이것이 불가사리의 체외 소화법이다. 흡수를 마칠 때까지 불가사리는 꼼짝 않고 조개 위에 올라타고 있다. 조개를 열기 시작하여 식사를 마칠 때까지 며칠씩 걸리는 경우도 있다.

악마불가사리는 산호에게 큰 적으로 악명이 높은, 지름 30센티미터가 넘는 대형 불가사리다. 산호 위에 올라타고 입으로 위를 꺼내서 산호를 체외 소화법으로 녹여 먹는다. 악마불가사리는 아침부터 밤까지 조금도 움직이지 않고 산호 위에 머문다. 산호는 돌집에 들어앉아 있는 까닭에 그것을 바득바득 꺼내 먹는 동물은 거의 없다. 그래서 산호초 같은 산호의 대제국도 만들 수 있었겠지만, 악마불가사리만은 예외이다. 갑옷으로 무장했지만, 화학무기로 녹여버리는 데는 어떻게 해볼 도리가 없다.

산호는 햇빛이 잘 드는 탁 트인 장소에서 산다. 불가사리가 이처럼 개방된 지역에서 천천히 위를 토해내서 소화가 끝날 때까지 꼼짝 않고 있다면, 보통의 동물은 역으로 포식자의 눈에 띄어 잡아먹히고 말 것이다. 내놓은 위를 질질 끌면서 도망친다는 것은 상상하기 어렵다. 불가사리가 체외 소화법을 사용하는 것도 다 조상으로부터 물려받은 좋은 방어 수단이 있기 때문이다.

현재 지구상에 살고 있는 극피동물은 먹는 데 손이 많이 가는 먹이를 천천히 시간을 들여서 모조리 먹어치우는 생활을 하고 있다. 먹이는 주위에 많이 있으며, 달아나는 것이 아니다. 마치 청소기처럼 바다 밑을 모조리 핥고 다니면 되므로 모양은 방사대칭인 것이 좋다. 대부분 동물에서 볼 수 있는 좌우대칭 모양은 빠르게 운동하기에 적합한 형태이다.

결론적으로 표 14-2에 나온 호류성 현탁물 섭식자에게 어울리는 성질은 지금 본 것처럼 바다 밑을 천천히 배회하고 있는 극피동물에게도 어울리는 성질이다.

## 극피동물의 디자인

"극피동물은 조금만 움직이도록 디자인되어 있다!"

하이만이 지적한 것처럼, 왜 극피동물은 불가사의한 동물이라고 여겨져왔을까? 그것은 '조금만 움직이는' 디자인을 이해할 수 없었기 때문이다. 대부분의 동물은 잘 움직이거나 아니면 아예 움직이지 않는 쪽으로 디자인되어 있다.

우리 인간을 포함하여 평소에 흔히 볼 수 있는 동물은 잘 움직이는 것을 제일로 하는 '운동 지향형 동물'이다. 민첩하게 달려가 먹이를 잡거나 아니면 포식자로부터 도망친다. 이들에게는 잘 발달한 근육계와 그것을 정교하게 다룰 수 있는 신경계가 있으며, 그 지지계는 부드럽고 가볍다.

산호를 비롯한 움직이지 않는 동물은 '방어 지향형 동물'이다. 움직이지 않는 까닭에 좋은 방어 수단이 없으면 포식자에게 잡아먹혀버린다. 그래서 두껍고 단단한 껍데기를 쓴다. 따라서 지지계는 무겁고, 부드럽지 않으며 움직이려 해도 움직일 수 없다. 움직이지 않아도 되므로 운동계나 신경계는 발달해 있지 않다.

극피동물은 단단하게도 부드럽게도 될 수 있는 외골격 같은 내골격을 개발함으로써 운동 지향형 동물에게는 버겁고, 방어 지향형 동물에게는 움직이지 못하는 것 때문에 역시 손댈 수 없는, 그런 해조류나 조개류, 산호, 모래 또는 해저에 쌓인 유기물 같은 먹이를 독점하고 있다. 극피동물이 산호초나 심해저에 풍부한 것을 보면, 이들이 어떤 방법으로 성공하고 있는가를 알 수 있다. 이들은 달아나지도 숨지도 않고, 당당하게 커다란 몸집으로 바다 밑을 느릿느릿 옮겨다닌다. 극피동물은 바로 이런 이유로 우리에게 친숙한 바다 생물이 되었다.

지금까지 극피동물은 친숙하기는 해도 이해할 수 없는 외계인 같은 존재였다. 그러나 '조금만 움직인다'는 관점에서 살펴보면 우리가 이해할 수 있는 생물이다.

이 장은 내가 캐치결합조직에 관한 실험을 하면서 늘 생각하고 있던 것을 쓴 것이다. 크기 이야기에서 조금은 벗어난 점도 있겠지만, 성게나 해삼과 같이 크기가 큰 생물이 어째서 바닷가에서 빈둥거리고 있는 걸까 하는 의문에서 사고의 실마리를 풀어나갔다. 크기나 지지계의 문제를 염두에 두고 동물의 디자인이 보이게 되는 실례를 제시하면서 조금 길게 써보았다.

어떤 동물의 디자인을 발견해야 비로소 그 동물을 이해할 수 있다. '디자인'은 그 동물이 근거하고 있는 논리라고 바꾸어 말할 수도 있다. 상대방의 논리를 이해하지 못하면, 사람은 결코 동물과 올바른 관계를 맺을 수 없다. 이 논리를 발견하고 존중하는 것이 동물학자의 커다란 사명이라고 나는 생각한다.

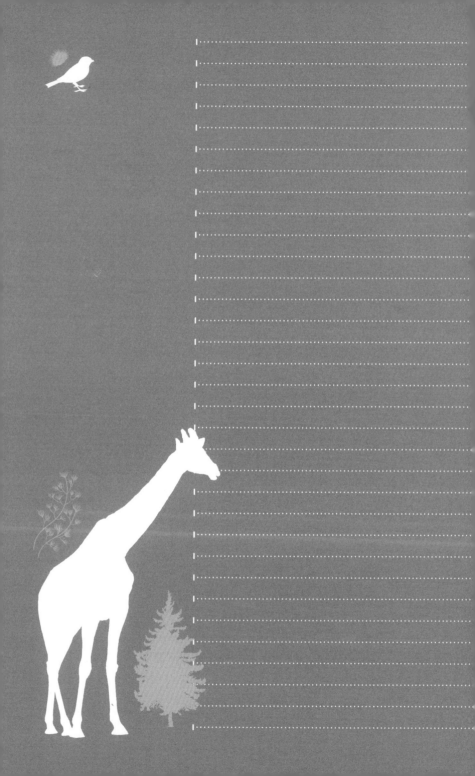

부록

## 부록 1

## 지수와 로그, 알로메트리 식

a×a×a는 a를 3회 곱한 것인데, 이것을 $a^3$으로 나타내고 a의 세제곱이라고 읽는다. 이런 표기 방식을 지수 표시라고 한다. a×a×a×a = $a^4$, 즉 a를 n번 곱한 것은 $a^n$이다.

지수 법칙은 다음과 같이 나타낼 수 있다.

$$x^a \times x^b = x^{a+b} \qquad\qquad x^{-a} = 1/x^a$$

$$x^a \div x^b = x^{a-b} \qquad\qquad x^0 = 1$$

$$(x^a)^b = x^{a \times b}$$

동물의 체중을 W라고 하면, 몸의 각 부분의 크기나 동물의 대사율 등의 기능(y)은 다음과 같이 체중의 지수함수로 아주 근사하게 나타낼 수 있다.

$$y = aW^b$$

즉 y는 W의 b제곱에 비례하고, 비례상수가 a이다. 이러한 식을 알로메트리 식이라 한다. 그림 1은 a = 2이고, b가 −0.25, 0.75, 1, 2인 경우의 그래프를 나타낸 것이다. b의 값이 1보다 크

270

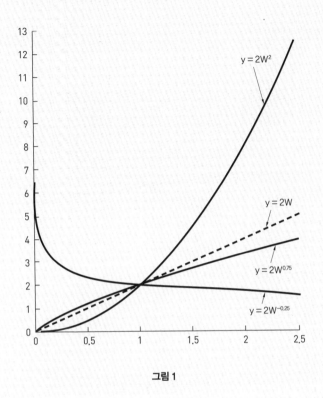

**그림 1**

면, W의 값이 증가함에 따라 y 값이 급격하게 증가한다. b의 값이 음수이면, W의 값이 증가함에 따라 역으로 y 값은 감소한다.

알로메트리 식 $y = aW^b$를 로그 형태로 바꾸어 쓰면 다음과 같다.

$\log y = \log a + b \log W$

그래서 알로메트리 식을 로그 눈금이 매겨진 그래프용지에

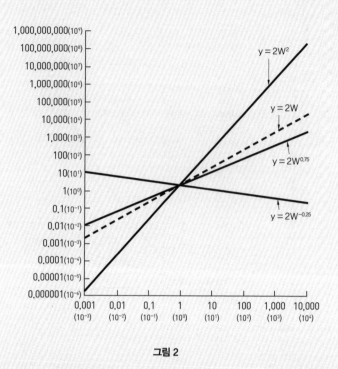

**그림 2**

나타내면, 세로축의 log a 지점을 지나고 기울기가 b인 직선이
된다. 로그함수의 그래프는 눈금이 1, 10, 100, 1000, …… 으로
한 눈금의 값이 10배씩 변한다. 그림 2는 그림 1을 로그함수의
그래프로 바꾸어 그린 것이다.

**호흡계도 순환계도 없는 구형의 동물이, 몸 표면을 통한
확산에만 의존하여 산소를 얻는다면, 어디까지 커질 수 있을까?**

동물(구球)의 반지름 = r

구의 중심으로부터의 거리 x 위치에 있는 가상의 구를 생각한다.

가상의 구의 표면적 A = $4\pi x^2$

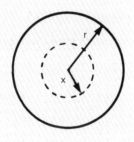

가상의 구의 부피 = $(4/3)\pi x^3$

가상의 구면을 통하여 유입되는 산소량을, 다음 피크의 공식을 사용하여 구하면 다음과 같다.

J = $-KA(\frac{dp}{ds})$

이 식에서 J는 단위시간 동안에 확산에 의해 표면(면적 A)을 통해 유입되는 물질의 양이고, $\frac{dp}{ds}$는 물질(여기서는 산소)의 농도 기울기이며, 여기서는 $s = r-x$이다.

유입되는 산소량 J는 가상 구면의 안쪽에 있는 조직이 사용하는 산소량이 되는데, 이 동물이 단위부피당 m만큼의 산소를 사용한다고 가정하면, mV만큼의 산소가 유입될 필요가 있다.

그래서 피크의 식의 좌변은

$J = mV = m(\frac{4}{3})\pi x^3,$

피크의 식의 우변은

$-KA(\frac{dp}{ds}) = K4\pi x^2(\frac{dp}{ds})$이다.

양변을 같다고 놓고 정리하면,

$dp = (\frac{m}{3K})xdx$

x를 0부터 r까지 적분한다.

동물의 몸 밖에서의 산소 분압을 $P_e$, 동물의 중심부에서를 $P_0$라 하면,

$P_e - P_0 = (\frac{m}{6K})r^2$

$P_0$는 음수값이 될 수 없으므로,

$P_e \geqq (\frac{m}{6K})r^2$

따라서

$r \leqq \sqrt{6P_eK/m}$

여기서 $P_e = 0.21atm$ (몸 바깥의 산소 분압)

$K = 8 \times 10^{-4} cm^2/atm \cdot hr$ (동물 조직으로 측정한 실측치)

$m$ = 0.1 cm³O₂/cm³·hr(이 정도 크기의 무척추동물의 실측치)

이 값을 대입하면 $r \leq$ 1mm가 된다.

만일 납작벌레처럼 몸이 납작한 모양의 동물이고 몸의 윗면으로만 산소가 유입된다고 가정하면, 위와 똑같은 방법으로 가능한 최대 두께를 계산할 수 있다. 그렇게 한 결과는 다음과 같다.

$r \leq \sqrt{2 P_e K / m}$

위와 같은 $P_e$, $K$, $m$ 값을 대입하면 $r \leq$ 0.6mm가 된다.

원기둥 모양의 동물에서 표면으로부터만 산소가 유입된다고 가정하면, 다음과 같은 식이 성립한다.

$r \leq \sqrt{4 P_e K / m}$

위와 같은 $P_e$, $K$, $m$ 값을 대입하면 $r \leq$ 0.8mm가 된다.

## 순환계는 있지만 호흡계는 없는 원기둥 모양 동물은
## 어디까지 굵어질 수 있을까?

원기둥의 반지름을 r, 길이를 L이라 하면 다음이 성립한다.

부피 $V = \pi r^2 L$

표면적 $A = 2\pi r L$

몸 표면으로부터의 거리 d만큼 아래에 순환계가 있고, 몸 표면으로부터 확산으로 유입된 산소가, 이 순환계에 유입되어 몸의 곳곳으로 운반된다고 하자.

몸 표면을 통하여 유입되는 산소량을 피크의 식으로 계산한다.

$J = -KA(dp/ds)$

이 동물은 조직 1세제곱센티미터당 m의 산소량을 사용한다고 하면, 동물의 산소 소비량은 mV가 되고, 이것만큼 산소가 몸 표면을 통하여 유입될 필요가 있다. 따라서 피크의 식의 좌변은 다음과 같다.

$J = mV = m\pi r^2 L$

몸 밖의 산소 분압을 $P_e$, 혈중 산소 분압을 $P_b$라 하면 농도기

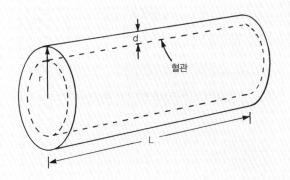

울기는 다음과 같다.

$dp/ds = (P_e - P_b)/d$

따라서 피크의 식 우변은 이렇게 된다.

$-KA(dp/ds) = -K(2\pi rL) \cdot (P_e - P_b)/d$

양변을 같다고 놓고 정리하면,

$r = 2K(P_e - P_b)/md$

여기서 $K$, $P_e$는 부록 2의 값, 그리고

$P_b = 0.05atm$

$m = 0.06cm^3 O_2/cm^3 \cdot hr$(길이 20cm 지렁이의 실측치)

$d = 0.003cm$(길이 20cm 지렁이의 실측치)

를 대입하면, $r = 1.3cm$가 된다.

## 부록 4

## 만약 동물이 탄성닮음이라면, 시간이 체중의
## 4분의 1제곱에 비례하게 된다고 하는 맥마흔의 설명

힘 = 질량×가속도(뉴턴의 운동 제2법칙)이다.

그런데 질량과 가속도는 각각 다음 관계가 있다.

질량 $\propto$ 길이×단면적

가속도 $\propto$ 길이/시간$^2$

이 두 양을 운동 제2법칙에 대입하면 다음과 같다.

힘 $\propto$ 길이×단면적×길이/시간$^2$

힘/단면적 $\propto$ 길이$^2$/시간$^2$

근육이 내는 단위단면적당 힘은 일정하므로 위 식의 좌변은
일정한 값이 되어, 시간 $\propto$ 길이이다.

만약 동물이 탄성닮음이라면, 길이 $\propto$ 체중$^{\frac{1}{4}}$ 이므로, 시간 $\propto$
체중$^{\frac{1}{4}}$이 된다.

## 동물 한평생 노래

1. 코 끼리 - 도    고양이쥐 - 도 -
2. 꾀 꼬리 - 도    까마귀솔개 도 -
3. 짐 승이 라면    누구나똑같이 -

심 - 장 - 은    두 근 두 근
학 - 타조도    후 하 후 하
일 - 생동안    체 중 1 킬

두 - 근    20 억 번뛰 고나 면
후 - 하    3 억 번숨 을쉬 면
로 그 램당    15 억줄 에 너지 를

멈 춘 다 - 네
멈 춘 다 - 네
소 비 한 다 네